Matlab 활용

ESSENTIAL 수치해석

김준석 지음

KYOWOOSA 敎友社

머리말

본 핵심 수치해석은 수치해석에 전형적으로 나와 있는 내용에 수치해석의 핵심부분을 추가하였습니다. 우선 MATLAB 기초부터 시작해서 간단한 명령어와 2차원, 3차원 그래프, 벡터장을 그리는것을 학습하고 Taylor 정리를 사용하여 유한차분식을 유도하는것과 보간법을 학습합니다. 이어서 비선형 방정식과 시스템의 수치해를 구하는 방법인 Newton 방법, Secant 방법, Steepest descent 방법을 공부하고 수치적 미적분을 살펴봅니다. 이외에도 Euler 방법, Runge-Kutta 방법, 선형, 비선형 shooting 방법, 열방정식에 대한 유한차분법등을 공부합니다. 특히 유한 요소법, 이산 푸리에 변환을 이용한 열방정식 수치해법, Alternating Direction Implicit (ADI) 방법, Operator Splitting (OS) 방법을 자세하게 다루었다. 또한 독자들이 혼자서도 학습 할 수 있도록 모든 MATLAB 코드를 첨부하였다. 초판이라 많은 오타와 오류가 있을 것이라 생각합니다. 오타나 오류를 알려주시면 (cfdkim@korea.ac.kr) 다음 개정판에는 새로운 내용과 함께 수정 보안할 것 입니다. 이 책을 쓰는데 도움을 준 이현근, 정다래, 이동선, 신재민, 김성기, 윤아나, 이승규, 이채영, 김상우에게 고마움을 전합니다.

차 례

1장

MATLAB 기초

MATLAB(www.mathworks.com)은 미국의 Math Works에서 만들어진 프로그램으로, 1984년도에 소개된 이후 오늘날 전 세계 50만 이상이 사용하고 있다. MATLAB은 `MATrix+LABoratory`의 약어로서 행렬을 기본으로 최적화되어진 프로그램으로 알고리즘 개발, 데이터 수치분석이나 시각화를 위한 컴퓨터 언어이다. 주로 공학계통에서 사용되던 MATLAB은 편리한 사용방법으로 최근 모델링을 위한 프로그래밍 언어로 인기를 얻고 있으며 이 책에서도 모든 코드를 MATLAB언어로 구현하였다.

제 1 절 기본 명령어

1.1 간단한 계산 명령어

- a에 1 대입.

```
>> a = 1  [Enter]
a = 1
```

명령어를 입력한 후 엔터를 누르면 MATLAB이 명령어를 실행한다. 명령어가 실행되면 입력한 명령어 다음 줄부터 실행된 결과물이 표시된다.

- b라는 이름으로 1행 3열 행렬(1×3) 생성.

```
>> b=[1 2 3]
b = 1     2     3
```

- b라는 이름으로 3행 1열 행렬(3×1) 생성.

```
>> b=[1;2;3]
b = 1
    2
    3
```

- b 행렬을 c에 대입.

```
>> c=b
c = 1
    2
    3
```

- b의 전치(transpose)행렬을 c 행렬로 대입.

```
>> c=b'
c = 1     2     3
```

- A라는 이름으로 3행 3열 행렬(3×3) 생성.

```
>> A=[1 2 3;4 5 6;7 8 9]
A = 1     2     3
    4     5     6
    7     8     9
```

- A의 전치행렬 A^T.

```
>> A'
ans = 1      4      7
      2      5      8
      3      6      9
```

- 화면(command window)에 출력하지 않기 위해선 세미콜론(;)을 붙인다.

```
>> a=1;b=2,c=3;
b = 2
```

- *d*라는 이름으로 2행 3열 행렬(2×3) 생성.

```
>> d=[1 2 3;4 5 6]
d = 1      2      3
    4      5      6
```

- *d*의 1행 3열의 원소값 출력.

```
>> d(1,3)
ans = 3
```

- 2×3의 계산값 출력.

```
>> 2*3
ans = 6
```

- 마지막으로 계산된 ans값 출력. Default로 ans에 마지막 결과 값이 저장된다.

```
>> ans
ans = 6
```

- 마지막으로 계산된 ans값에 6을 더하는 연산.

```
>> ans+6
ans = 12
```

- 행렬 b를 먼저 정의한 후(세미콜론(;)을 붙였으므로 출력은 되지 않는다.) b의 각 원소를 제곱 또는 세제곱을 한다. 행렬의 각 원소를 제곱하기 위해서는 .을 ^연산자 앞에 붙여야 한다.

```
>> b=[1 2 3];
>> b.^2
ans = 1     4     9
>> b.^3
ans = 1     8    27
```

- a행렬의 각 원소와 b행렬의 각 원소를 곱한다. 즉, $[1 \times 7 \;\; 2 \times 8 \;\; 3 \times 9]$을 실행하여, $[7 \;\; 16 \;\; 27]$의 결과를 얻게 된다.

```
>> a=[7 8 9];
>> a.*b
ans = 7    16    27
```

- a행렬과 b행렬의 전치행렬의 원소를 각각 곱하여 더한다. 즉, a벡터와 b벡터의 내적(inner product)과 같다.

```
>> a*b'
ans = 50
```

- 각 원소 값들이 0인 3행 3열 행렬(3×3) 생성.

```
>> zeros(3)
ans = 0     0     0
      0     0     0
      0     0     0
```

- 각 원소 값들이 0인 1행 3열 행렬(1×3) 생성.

```
>> zeros(1,3)
ans = 0      0      0
```

- *A*라는 이름으로 각 원소 값들이 0인 4행 5열 행렬(4×5) 생성.

```
>> A=zeros(4,5)
A = 0      0      0      0      0
    0      0      0      0      0
    0      0      0      0      0
    0      0      0      0      0
```

- *A*와 같은 크기의 영(zero)행렬을 생성.

```
>> zeros(size(A))
ans = 0      0      0      0      0
      0      0      0      0      0
      0      0      0      0      0
      0      0      0      0      0
```

- 크기가 3인 단위행렬 생성.

```
>> eye(3)
ans = 1      0      0
      0      1      0
      0      0      1
```

- 각 원소 값들이 1인 3행 3열 행렬(3×3) 생성.

```
>> ones(3)
ans = 1      1      1
      1      1      1
      1      1      1
```

- A라는 이름으로 각 원소 값들이 1인 4행 5열 행렬(4×5) 생성.

```
>> A=ones(4,5)
A = 1     1     1     1     1
    1     1     1     1     1
    1     1     1     1     1
    1     1     1     1     1
```

- 크기는 행렬 A와 같고 모든 원소가 1인 행렬을 생성.

```
>> ones(size(A))
ans = 1     1     1     1     1
      1     1     1     1     1
      1     1     1     1     1
      1     1     1     1     1
```

- MATLAB은 대소문자를 구분한다.

```
>> a=2, A = 3;
>> a
a = 2
```

- A행렬의 각 열의 원소들의 합.

```
>> A=[1 2 3;4 5 6;7 8 9];
>> sum(A)
ans = 12    15    18
```

- A행렬의 각 행의 원소들의 합. 즉, A의 전치행렬의 각 열의 원소들의 합.

```
>> sum(A')
ans = 6     15    24
```

- sum(A)의 각 원소들의 합.

```
>> sum(sum(A))
ans = 45
```

- A행렬의 각 열의 최댓값.

```
>> max(A)
ans = 7     8     9
```

- A행렬의 각 열의 최솟값.

```
>> min(A)
ans = 1     2     3
```

- max(A)의 최댓값.

```
>> max(max(A))
ans = 9
```

- max(A)의 최솟값.

```
>> min(max(A))
ans = 7
```

- A행렬과 B행렬의 정의.

```
>> A=[1 2;3 4]
A = 1       2
    3       4
>> B=[5 6;7 8]
B = 5       6
    7       8
```

- A행렬과 B행렬의 각 원소들의 합.

```
>> A+B
ans = 6     8
      10    12
```

- A행렬과 B행렬의 각 원소들의 차.

```
>> A-B
ans = -4    -4
      -4    -4
```

- A행렬의 각 원소에 2씩 더한 값.

```
>> A+2
ans = 3     4
      5     6
```

- size로 벡터 또는 행렬의 크기를 알 수 있다.

```
>> size(A)
ans = 2     2
```

- length로 벡터의 길이를 알 수 있다.

```
>> C=[1 2 3];
>> length(C)
ans = 3
```

- length는 행렬의 행과 열 중에 큰 값을 출력한다.

```
>> C=[1 2 3; 4 5 6];
>> length(C)
ans = 3
```

다음은 각각의 행렬에 대한 사칙연산이다.

MATLAB 명령어	연산 의미
`A*B`	$AB = \begin{pmatrix} 1 & 2 \\ 3 & 4 \end{pmatrix} \begin{pmatrix} 5 & 6 \\ 7 & 8 \end{pmatrix} = \begin{pmatrix} 19 & 22 \\ 43 & 50 \end{pmatrix}$
`A/B` or `A*inv(B)`	$AB^{-1} = \begin{pmatrix} 1 & 2 \\ 3 & 4 \end{pmatrix} \begin{pmatrix} -4 & 3 \\ 3.5 & 2.5 \end{pmatrix} = \begin{pmatrix} 3 & -2 \\ 2 & -1 \end{pmatrix}$
`A\B` or `inv(A)*B`	$A^{-1}B = \begin{pmatrix} -2 & 1 \\ 1.5 & -0.5 \end{pmatrix} \begin{pmatrix} 5 & 6 \\ 7 & 8 \end{pmatrix} = \begin{pmatrix} -3 & -4 \\ 4 & 5 \end{pmatrix}$
`A^2` or `A*A`	$A^2 = \begin{pmatrix} 1 & 2 \\ 3 & 4 \end{pmatrix} \begin{pmatrix} 1 & 2 \\ 3 & 4 \end{pmatrix} = \begin{pmatrix} 7 & 10 \\ 15 & 22 \end{pmatrix}$

위에서 행렬과 행렬사이에 사용한 * 연산자는 행렬곱 연산자이다. 따라서 곱하는 두 행렬의 크기가 $(n, m) \times (m, k) = (n, k)$이어야 한다. 또한 / 연산자는 역행렬을 곱하는 것으로 연산하고자 하는 두 행렬의 크기가 같으며 정방행렬이어야 한다. 이제 위에서 본 연산자 앞에 .을 찍으면 어떤 결과가 나오는지 살펴보자.

MATLAB 명령어	연산 의미
`A.*B`	$\begin{pmatrix} 1\cdot 5 & 2\cdot 6 \\ 3\cdot 7 & 4\cdot 8 \end{pmatrix} = \begin{pmatrix} 5 & 12 \\ 21 & 32 \end{pmatrix}$
`A.^B`	$\begin{pmatrix} 1^5 & 2^6 \\ 3^7 & 4^8 \end{pmatrix} = \begin{pmatrix} 1 & 64 \\ 2187 & 65536 \end{pmatrix}$

연산자 앞에 .이 붙게 되면 행렬의 같은 위치에 있는 각각의 원소끼리 연산을 수행하라는 의미이다. 원소끼리의 연산이므로 반드시 두 행렬의 크기는 정확하게 일치해야 한다.

이제 행렬의 일부나 전체를 불러오는 표현을 배워보자. 아래와 같이 간단하게 A를 입력한다.

```
>> A = [1 1 1 1; 2 2 2 2; 3 3 3 3; 4 4 4 4]
A = 1      1      1      1
    2      2      2      2
    3      3      3      3
    4      4      4      4
>> A(2, 1:4)
ans = 2      2      2      2
>> A(2,:)
ans = 2      2      2      2
```

위의 실행 결과에서 볼 수 있듯이 두 개의 명령문은 동일한 표현이다. 모두 A 행렬의 2행의 1열부터 끝까지의 원소를 나열하라는 것으로, 여기서 :은 행렬에서 전체를 나타내는 표현이다. MATLAB에서 abs(a)을 사용하면 a의 절대값을 나타낸다.

```
>> abs(-3) ans = 3
```

MATLAB에서 round(a)을 사용하면 a에 가장 가까운 정수를 나타낸다.

```
>> round(3.2), round(3.6)
ans = 3 ans = 4
```

MATLAB에서 real(a)와 imag(a)를 사용하면 각각 a의 실수부와 허수부를 나타낸다.

```
>> real(3+2i), imag(3+2i)
ans = 3 ans = 2
```

MATLAB의 나머지 연산인 mod에 대하여 알아보자. 예를 들어,

$$10 = (-4) \times (-3) - 2$$

의 계산을 MATLAB에서 mod를 사용하면, 다음의 결과를 출력하게 된다.

```
>> mod(10, -4) ans = -2
```

<table>
<tr><th>항목</th><th>명령어</th><th>기능</th></tr>
<tr><td>명령어 나열</td><td>,</td><td>두 개 이상의 명령어를 한 줄에 표현할 때 콤마(,)를 이용하여 구분한다.</td></tr>
<tr><td>줄넘기기</td><td>...</td><td>명령어가 너무 길어 다음 줄로 넘어가고 싶을 때 사용한다(Command Window에서도 사용가능).

(예) plot(x,y,'--rs',...
'LineWidth',2,...
'MarkerEdgeColor','k',...
'MarkerSize',10)</td></tr>
<tr><td>출력여부</td><td>;</td><td>Command Window상에서 명령어를 실행하면 화면에 결과가 출력되지만, 세미콜론(;)을 입력하고 실행하면 출력되지 않고 workspace에만 저장된다.

(예)
>> a=1;b=2;c=3;</td></tr>
<tr><td>주석</td><td>%</td><td>명령어의 앞에 %를 입력하면 주석으로 처리된다.</td></tr>
<tr><td>화면정리</td><td>clc</td><td>clc 명령어를 입력하고 엔터를 치면 Command Window에 표시되었던 모든 내용들이 지워진다.</td></tr>
<tr><td>화면정리</td><td>clf</td><td>clf 명령어를 입력하고 엔터를 치면 Figure에 나타난 모든 그림이 지워진다.</td></tr>
<tr><td>변수삭제</td><td>clear</td><td>변수 및 배열에 할당된 값들 모두 삭제.
• 모든 변수를 삭제 : clear all
• 특정 변수만을 삭제 : clear 특정변수</td></tr>
</table>

항목	명령어	기능

변수나열	whos	사용 중인 변수들의 size를 보여준다.
		
		`>> whos`
		`Name Size Bytes Class Attributes`
		`a 1x3 24 double`
		`ans 1x3 24 double`
		`b 1x3 24 double`
		`c 1x1 8 double`
		`d 2x3 48 double`
		`>> whos a`
		`Name Size Bytes Class Attributes`
		`a 1x3 24 double`

1.2 M-file 만들기

MATLAB을 이용하여 원하는 기능을 수행하는 방법은 크게 두 가지로 구분된다.

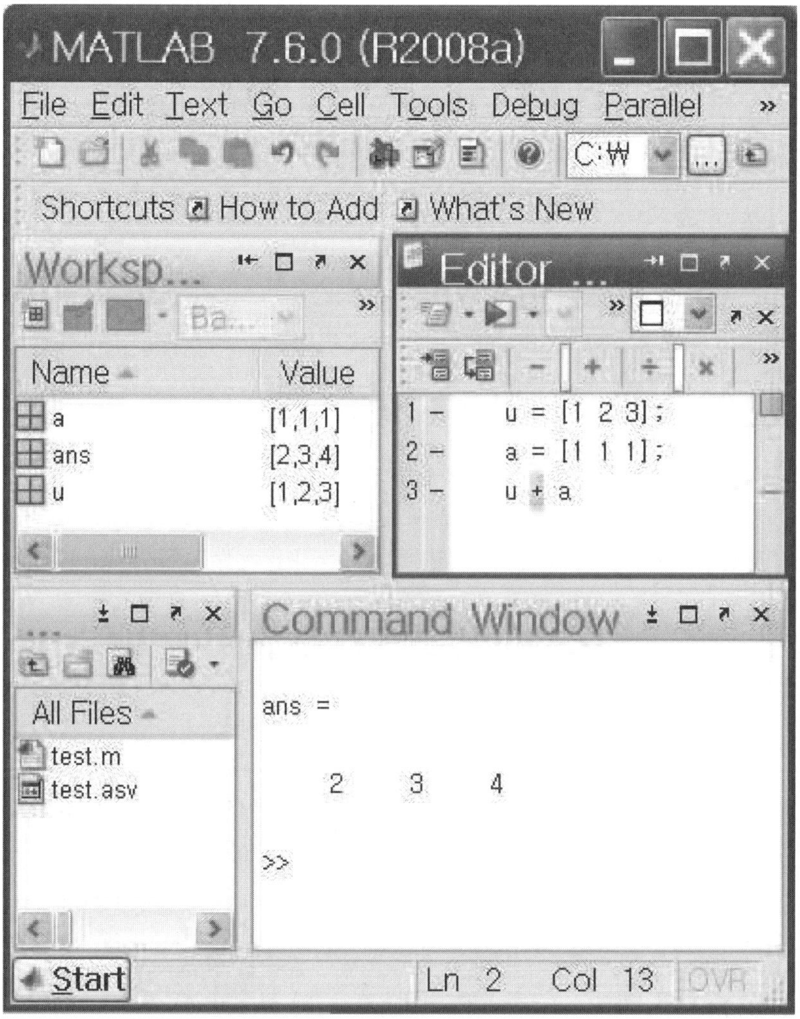

그림 1.1: MATLAB창

첫 번째는 Command Window에 직접 명령어를 입력하는 방법이고, 두 번째는 스크립트(Script)파일을 이용하는 것이다. MATLAB에서 사용하는 파일을 보통 M-file이라고 부르며 파일의 확장자는 .m으로 저장된다. 이러한 M-file은 스크

립트에 있는 명령어들이 차례대로 Command Window에서 실행될 수 있도록 한다. 실제로 M-file을 만들어 보자.

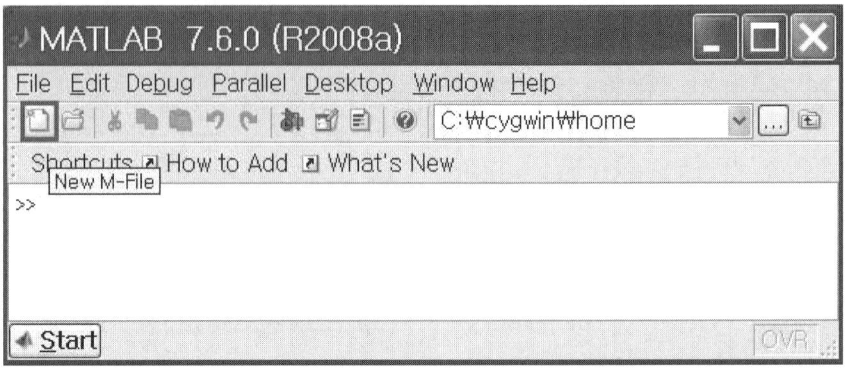

그림 1.2: New M-file 버튼을 누르면 m-file이 만들어진다.

주의할 점은 파일이름을 숫자로 시작하면 안되고, 이름 중간에 공백이나 하이픈(-)이 있으면 안된다. 또한 MATLAB에 이미 정의되어 있는 상수이름과 함수이름을 사용하면 안된다. 이를 확인하기 위해서는 .m을 생략하고 파일이름을 Command Window에 입력하고 엔터키를 누른다음 [??? Undefined function or variable]라는 에러 메세지를 확인한다.

```
edit1.m (O)   1edit.m (X)   edit 1.m (X)
```

메뉴에서 File → New → M-File을 클릭해도 좋다. 이제 만들어진 Editor에 원하는 명령어를 순서대로 쓰고, Save and Run을 하기 위해 단축키인 `F5`를 누르자.

```
a = 1; b = 2; c = a+b
```

위의 문장을 Editor에 적어 넣고, 단축키 F5를 누르자. 파일이름은 원하는 이름으로 쓰고 저장하면 원하는 결과를 얻을 수 있게 된다.

1.3 for ∼ end 문

'for'문은 'end'문과 짝을 이루어 사용된다. 'for'문과 같은 행에 있는 변수의 값을 초기값부터 증분의 크기만큼 누적시키면서 최종값에 도달될 때까지 'for'문과

'end'문 사이 문장의 명령을 수행한다. 증분이 '1'인 경우에는 '증분:'을 생략해도 무방하다.

> **for 변수명=초기값:(증분:)최종값**
>
> **문장**
>
> **end**

[예제] **for ~ end 프로그램**

```
for x=0:0.5:1
  a=2^x
end
for k=5:-2:1
  b=k
end
```

[프로그램 실행결과]

```
a = 1
a = 1.4142
a = 2
b = 5
b = 3
b = 1
```

1.4 if ~ else ~ end 문

여러 가지 조건에 따라 각각 다른 명령을 실행하고자 할 때, 'if ~ else ~ end'문을 사용한다. 아래 보기처럼 **조건 1**이 참이면 **문장 1**이 수행되고, **조건 1**이 모두 거짓이면, 'if' 문을 빠져 나와 **문장 2**가 수행된다.

```
if 조건 1
  문장 1
else
  문장 2
end
```

[예제] if ~ else ~ end 문 프로그램

```
a=3; if a<1
    b=a+1
else
    c=a+2
end
```

[프로그램 실행결과]

```
c = 5
```

1.5 while ~ end 문

'while'문은 'end'문과 짝을 이루어 사용된다. 'while'문과 같은 행에 있는 조건이 참이면 'while'문과 'end'문 사이에 있는 문장의 명령을 반복적으로 수행한다.

```
while 조건
   문장
end
```

[예제] while ~ end 문 프로그램

```
a=1;
while a<4
    a=a+1
end
```

[프로그램 실행결과]

```
a =  2
a =  3
a =  4
```

1.6 linspace 문

'linspace'는 a와 b사이의 간격이 동일한 n개의 성분을 갖는 벡터를 만드는 데 사용한다. 다음과 같이 이용하며 이에 대한 예제를 살펴보자.

linspace(a,b,n)

linspace(시작점,끝점,점의 총수)

[예제] linspace 문 프로그램

```
x = linspace(0,5,6)
y = linspace(-1,1,5)
```

[프로그램 실행결과]

```
x =   0    1    2     3    4    5
y =  -1  -0.5   0    0.5   1
```

1.7 MATLAB에서 미리 정의해 둔 변수

- i, j : 허수(imaginary unit, $\sqrt{-1}$) 복소수의 허수 단위를 나타낸다. for문을 쓸 때 index를 i, j로 사용하는 경우가 있는데 허수부가 있는지 고려해서 사용해야 한다.

  [예제] 허수 문 프로그램

```
A = 1+2i
```

[프로그램 실행결과]

```
A = 1.0000 + 2.0000i
```

- NaN : 숫자가 아님

  NaN은 Not a Number의 약자로서 부정 혹은 불능값을 나타낸다.

  [예제] NaN 문 프로그램

```
A = 0 / 0
B = Inf / Inf
```

[프로그램 실행결과]

```
A = NaN
B = NaN
```

- Inf : ∞ 무한대(Infinity)

  [예제] 무한대 문 프로그램

```
A = Inf*20000000000
B = Inf/10000000000
C = Inf - Inf
D = Inf / Inf
```

[프로그램 실행결과]

```
A = Inf
B = Inf
C = NaN
D = NaN
```

- pi : π, 원주율

  [예제] π **문 프로그램**

```
A = pi
B = sin(pi)
C = cos(pi)
```

[프로그램 실행결과]

```
A = 3.1416
B = 1.2246e-016
C = -1
```

1.8 MATLAB 프로그래밍할 때 유용한 팁

- 함수 정의

  inline을 이용하면 간편하게 함수를 정의할 수 있다.

```
f=inline('x^5+3*x-1','x');
f(2)
```

[프로그램 실행결과]

```
ans = 37
```

eval을 이용하여도 위와 동일한 결과를 얻을 수 있다.

```
f='x^5+3*x-1'; x=2;
eval(f)
```

[프로그램 실행결과]

```
ans = 37
```

- 주어진 조건을 만족하는 index 찾기
  find를 이용하면 주어진 조건을 만족하는 index를 손쉽게 찾을 수 있다.

```
x=[1 2 3 5 8]; y=[0 2 1 4 9];
find(x<=y)
```

[프로그램 실행결과]

```
ans = 2     5
```

- 파일 입출력

```
fp = fopen('test.m','w'); %test.m란 파일을 쓰기용으로 생성
fprintf(fp, '%d %d\n', 1, 2);          %파일에 1 2 쓰기
fprintf(fp, '%f %f\n', 3.5, 4.5);      %파일에 3.5 4.5 쓰기
fclose(fp); %파일 close
```

- 파일 불러오기
  load라는 함수로 파일에 있는 데이터를 가져올 수 있다. 단, 파일에 문자가 들어있으면 안된다.

```
a = load('test.m')
```

[프로그램 실행결과]

```
a = 1.0000    2.0000
    3.5000    4.5000
```

제 2 절 MATLAB으로 그래프 그리기

2.1 MATLAB을 이용하여 그래프를 그리기 위한 기본 명령어

다음은 MATLAB을 이용하여 그래프를 그리기 위한 가장 기본적인 명령어이다.

- **clf**
  현재 figure 창에 실행된 모든 그림 제거.

- **figure(n)**
  새로운 figure 창을 생성하고 이름을 figure(n)으로 지정.

- **hold on**
  현재 그래프에 다음 생성될 그래프를 추가.

- **hold off**
  hold on 기능을 해제.

2.2 2차원 그래프

이 절에서는 여러 가지 MATLAB 명령어를 이용하여 2차원 그래프를 그리는 방법에 대하여 알아보고자 한다.

2.2.1 plot을 이용한 그래프 그리기

`plot`은 가장 기본적인 그래프를 그리는 명령어로, 실행결과를 2차원 그래프로 나타내고자 할 때 사용된다. 'plot'문을 사용하기 위해서 2개의 변수가 필요하며 각 변수는 같은 크기의 1차원 배열(벡터)이어야 한다.

- `plot(X,Y)`
  x축은 X, y축은 Y를 값으로 갖는 2차원 그래프를 보여준다.

- `plot(Y)`
  x축의 값을 주지 않으면 default로 x축은 index값을, y축은 Y를 값으로 하는 2차원 그래프를 보여준다

- `plot(X,Y,S)`
  S는 선의 종류, 심볼(symbol) 또는 색을 나타낼 수 있는 옵션값이다.(자세한 내용은 표 1.1 참고.)

- `plot (X1,Y1,S1,X2,Y2,S2,X3,Y3,S3,...)`
  여러 개의 벡터를 한 번에 같이 나타낼 수 있다.

색상		모양		라인	
b	Blue	.	Point	-	Solid
g	Green	o	Circle	:	Dotted
r	Red	x	x mark	-.	Dashdot
c	Cyan	+	Plus	--	Dashed
m	Magenta	*	Star	(none)	No line
y	Yellow	s	Square		
k	Black	d	Diamond		
w	white	v	Triangle(down)		
		^	Triangle(up)		

표 1.1: plot 명령어의 옵션

예를 들어, `plot(x,sin(x),'k--',x,cos(x),'ko')`를 실행하면, 다음 결과를 얻게 된다. 이는 y축의 값을 $\sin(x)$, $\cos(x)$로 하는 두 개의 그래프를 나타내며, 첫 번째 $\sin(x)$는 검은색 점선으로, $\cos(x)$는 검은색 원으로 표현된다 (그림 1.3 참고).

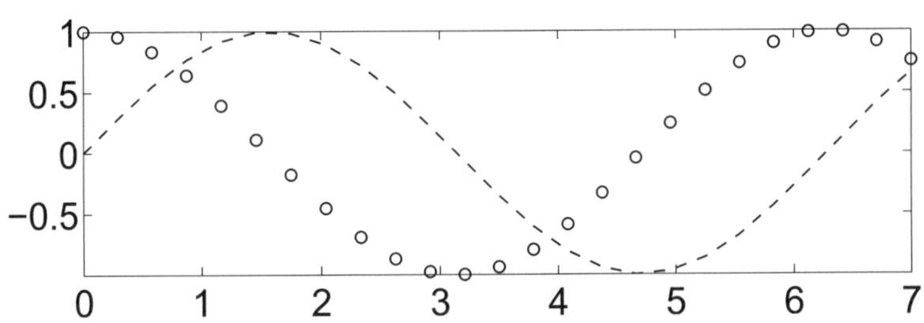

그림 1.3: plot문 옵션을 이용한 프로그램 실행결과

다음은 부가적인 명령어이다.

- `title`
  그래프의 제목 넣기

- `xlabel`
  x축에 이름 넣기

- `ylabel`
  y축에 이름 넣기

- `legend`
  여러 개의 곡선이 있을 때 각각의 곡선의 제목 넣기

- `grid`
  생성된 그래프에 격자 넣기

- `text`
  지정한 위치에 원하는 글 넣기

- `axis([xmin xmax ymin ymax])`
  그래프의 x축과 y축의 크기를 조절하기

그림을 그릴 때, MATLAB은 자동으로 좌표축을 설정한다. 생성된 그래프의 전체적인 크기 비율은 각각의 좌표축에 대한 aspect ratio에 따라 다르게 나온다. 예를 들어 반지름이 2인 원을 만들어 보자.

```
t=linspace(0,2*pi,100); x=2*cos(t); y=2*sin(t);
plot(x,y)
```

그림 1.4(a) 로부터 알 수 있듯이 원의 모양을 갖는다고 볼 수 없다. 원의 모양보다는 오히려 타원의 모양을 갖고 있다. 그러므로 원래 원하는 원의 모양을 갖고 싶으면 aspect ratio를 바꾸어 주어야 한다. Aspect ratio를 "square"로 하면, Figure window의 모양을 직사각형 모양의 좌표계가 아닌 정사각형의 모양의 좌표계로 바꾼다. 그림 1.4(b)는 그림 1.4(a) 보다 훨씬 더 원하는 원의 모양을 갖고 있다. 그러나 이것은 어디까지나 Figure window를 정사각형 모양으로 바꾸어 준 결과로 나타난 것이다. 결국 각 좌표축의 units는 무시한 결과이다.

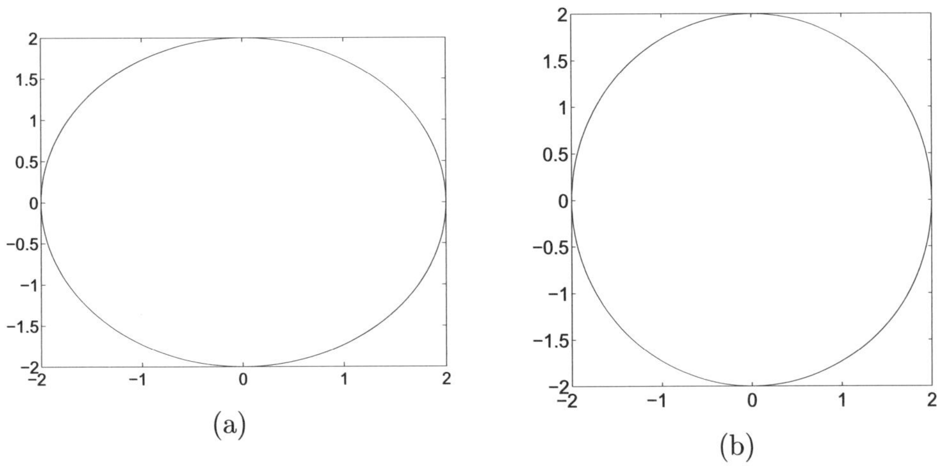

그림 1.4: (a) 좌표계가 default인 경우. (b) 좌표계가 square인 경우.

```
t=linspace(0,2*pi,100); x=2*cos(t); y=2*sin(t);
plot(x,y)
axis square
```

만일 실제 사물의 크기 비율(aspect ratio)과 같게 하려면, 각각의 좌표축에 대한 units는 동등한 크기를 가져야 한다. 이때 이용되는 aspect ratio로는 “equal”과 “image”가 있다. 해당 그래프에 대한 데이터의 범위까지만 display하는 경우가 “image”에 해당한다 (그림 1.5 참조).

```
t=linspace(0,2*pi,100); x=2*cos(t); y=2*sin(t);
plot(x,y)
axis equal
```

```
t=linspace(0,2*pi,100); x=2*cos(t); y=2*sin(t);
plot(x,y)
axis image
```

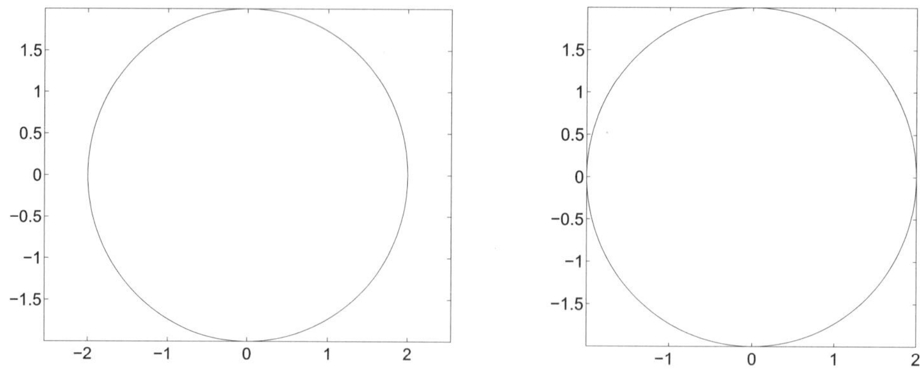

(a) (b)

그림 1.5: (a) 좌표계가 equal인 경우. (b) 좌표계가 image인 경우.

2.2.2 기타 그래프 그리기

극좌표 형식의 그래프

다음은 극좌표 형식의 함수 $r = f(\theta)$ 그래프를 그리는 명령어이다.

- **polar(theta,r)**
- **polar(theta,r,'linetype')**

다음 코드는 극좌표 형식의 다음 함수의 그래프를 그린 것이다 (결과는 그림 1.6 참조).

$$r = \sin 2\theta \cos 2\theta, \quad 0 \le \theta \le 2\pi$$

```
t = 0:0.01:2*pi;
polar(t,sin(2*t).*cos(2*t),'k-')
```

막대 그래프

다음은 막대 그래프를 그리기 위한 명령어이다.

- **bar(x)**
  벡터 x를 막대 그래프로 그린다.

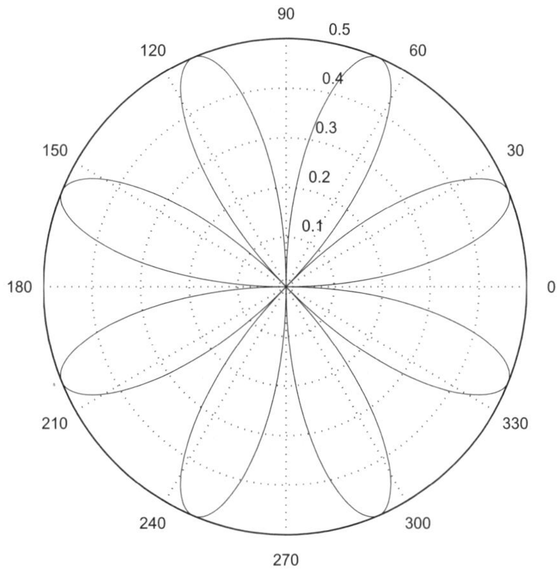

그림 1.6: $r = \sin 2\theta \cos 2\theta,\ 0 \le \theta \le 2\pi$의 그래프

- **bar(x,y)**
  벡터 x에 지정된 벡터 y의 원소를 막대 그래프로 그린다.

다음은 함수 $y = e^{-x^2}$의 그래프를 bar 명령어를 이용하여 막대 그래프로 그린 것이다 (결과는 그림 1.7 참조).

```
x = -2.9:0.2:2.9;
bar(x,exp(-x.*x),'k')
```

계단 그래프

다음은 계단 그래프를 그리기 위한 명령어이다.

- **stairs(x)**
  벡터 x를 계단 그래프로 그린다.

- **stairs(x,y)**
  벡터 x에 지정된 벡터 y의 원소를 계단 그래프로 그리는 데, x의 원소는 오름차순이고, 일정한 간격을 가져야 한다.

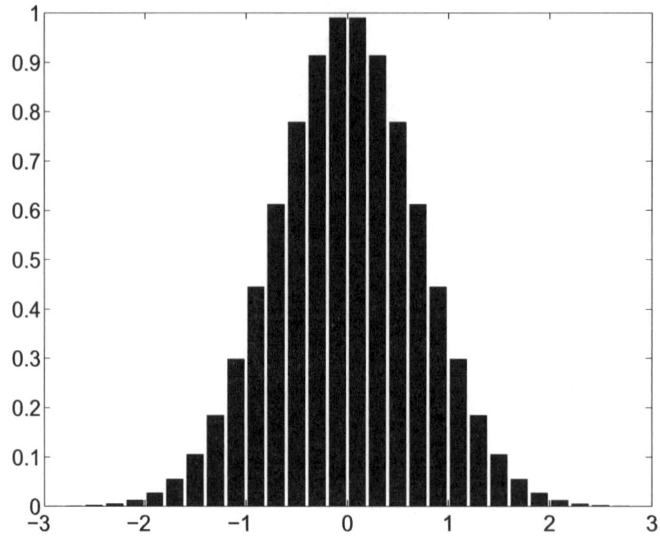

그림 1.7: $y = e^{-x^2}$의 막대 그래프

다음 코드는 $y = \sin x$의 그래프를 stairs 명령어를 이용하여 계단 그래프로 그린 것이다 (결과는 그림 2.2.2 참조).

```
x = -5:0.25:5;
stairs(x,sin(x),'k-')
```

원 그래프

자료 x를 손쉽게 비교해서 볼 수 있는 그래프가 원 그래프이다. 다음은 원 그래프를 그리기 위한 명령어이다.

- **pie(x)**
  자료 x를 가지고 원 그래프를 그린다.

- **pie(x, x==max(x))**
  가장 큰 부채꼴을 원에서 추출할 때 사용한다.

다음 코드는 변량 '$1, 3, 0.5, 2.5, 2$'를 pie 명령어를 이용하여 원 그래프를 그린 것이다 (결과는 그림 1.9 참조).

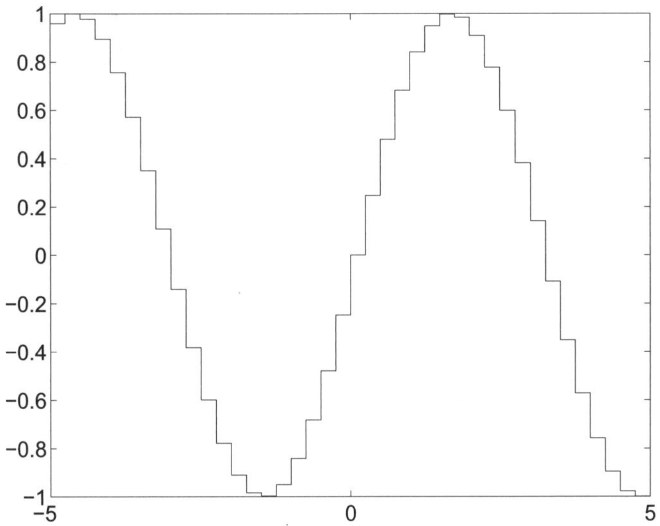

그림 1.8: $y = \sin x$의 계단 그래프

```
x = [1 3 0.5 2.5 2];
pie(x)
```

2.3 3차원 그래프

2.3.1 Line 그래프

다음은 3차원의 그래프를 그리는 명령어이다.

- **plot3(x,y,z)**
  $\mathbf{f} = x(t)\mathbf{i} + y(t)\mathbf{j} + z(t)\mathbf{k}$의 그래프를 그린다.

다음 코드는 plot3 명령어를 이용하여 t가 $[0, 10]$에서 $\mathbf{f} = \cos 3t\mathbf{i}+\sin 3t\mathbf{j}+t^2\mathbf{k}$의 그래프를 그린 것이다.

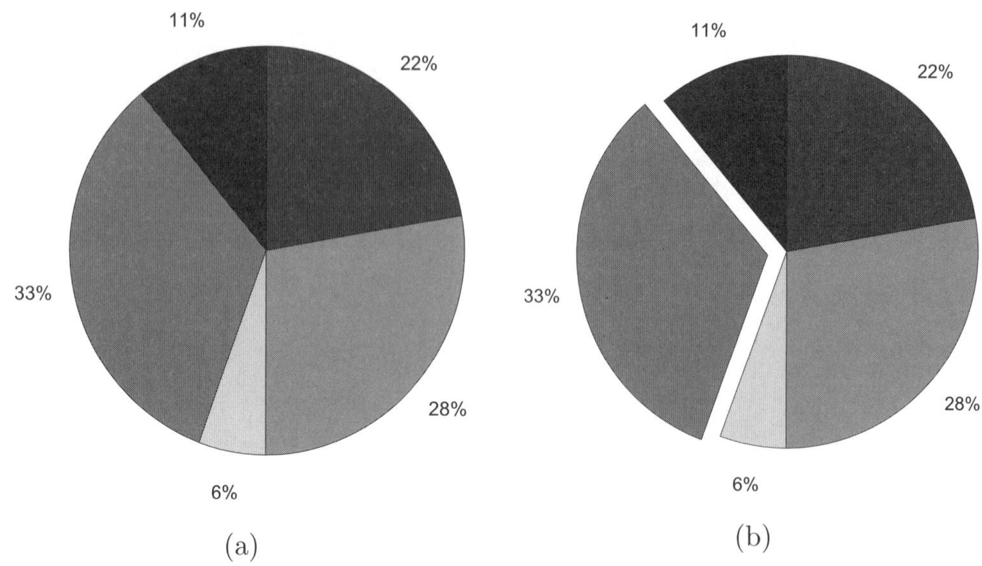

그림 1.9: (a) 변량 '1, 3, 0.5, 2.5, 2'의 원 그래프. (b) 가장 큰 부채꼴을 원에서 추출한 원 그래프.

```
t = 0:0.01:10; x = cos(3*t); y = sin(3*t); z = t.^2;
plot3(x,y,z,'k-')
```

2.3.2 2변수 함수의 그래프

$z = f(x, y)$와 같은 2변수 이상의 함수의 그래프는 plot 명령어를 이용할 수가 없다. 그래서 이러한 그래프를 그리기 위해서 mesh란 명령어를 이용한다.

특히, 2변수 그래프에서 좌표 (x, y)를 설정하기 위해서 meshgrid 명령어를 이용한다.

- **[X,Y]=meshgrid(xmin:xmax, ymin:ymax)**

아래는 2변수 함수 $z = xe^{-x^2-y^2}$를 x는 $[-2, 2]$, y는 $[-2, 2]$ 범위 안에서 그린 것이다.

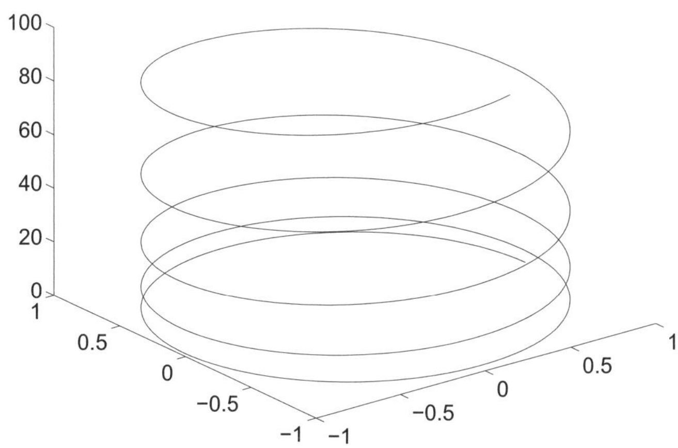

그림 1.10: $\mathbf{f} = \cos 3t\mathbf{i} + \sin 3t\mathbf{j} + t^2\mathbf{k}$의 그래프

```
[X,Y] = meshgrid(-2:0.1:2, -2:0.1:2);
Z = X.*exp(-X.^2 -Y.^2); mesh(Z)
```

Mesh를 이용하여 함수의 그래프를 그릴 때에는 함수의 데이터 크기에 주의하여야 한다. 아래는 함수 $z = xe^{-x^2-y^2}$를 x는 $[-2, 2]$, y는 $[-1, 1]$ 범위 안에서 그리는 MATLAB 코드이다.

```
x=linspace(-2,2,41); y=linspace(-1,1,21); [xx,yy]=meshgrid(x,y);
for i=1:41
 for j=1:21
  z(i,j)=x(i)*exp(-x(i)^2-y(j)^2);
 end
end
mesh(xx,yy,z)
```

이 MATLAB 코드를 실행할 경우 다음과 같은 오류가 생긴다.

```
Data dimensions must agree. Error in ==> mesh(xx,yy,z)
```

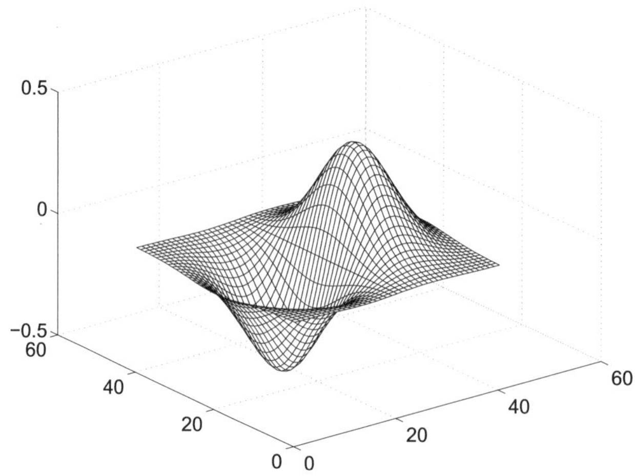

그림 1.11: mesh를 이용한 $z = xe^{-x^2-y^2}$의 그래프

이는 데이터의 차원이 일치되지 않았음을 의미한다. 이 경우 whos를 이용하여 데이터 크기를 알아보면 다음과 같다. xx, yy와 z의 차원 값이 다른 것을 확인할 수 있다.

```
>> whos
  Name        Size              Bytes  Class      Attributes


  ans         1x1                   8  double
  i           1x1                   8  double
  j           1x1                   8  double
  x           1x41                328  double
  xx         21x41               6888  double
  y           1x21                168  double
  yy         21x41               6888  double
  z          41x21               6888  double
```

따라서 MATLAB 코드가 제대로 실행되기 위해서는 z′을 해서 z를 transpose해줘야 한다.

Mesh로 그린 그래프에 contour의 효과를 주고 싶을 때 meshc 명령어를 이용을 한다. 아래 코드는 위의 예제를 meshc를 이용하여 그린 것이다.

```
[x, y] = meshgrid(-2:0.1:2, -2:0.1:2);
z = x.*exp(-x.^2 -y.^2); meshc(x,y,z);
```

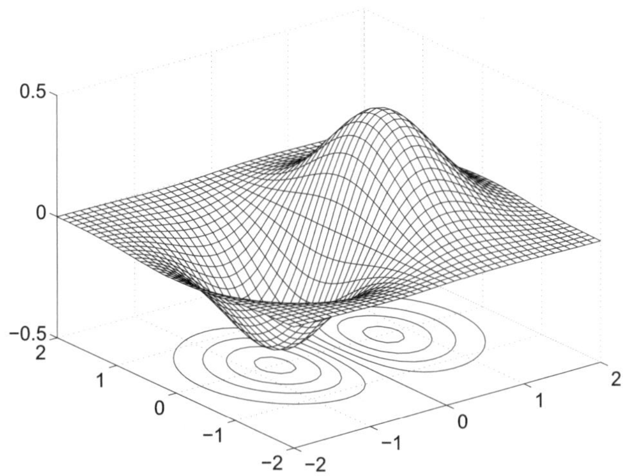

그림 1.12: meshc를 이용한 $z = xe^{-x^2-y^2}$의 그래프

2.3.3 Contour 그래프

Contour는 함수값을 높이로 나타내는 등고선의 형태로 나타내는 그래프이다. 종류에 따라 2차원 또는 3차원 그래프로 그릴 수 있다. 다음은 $z = f(x, y)$의 2차원 contour 그래프를 그리는 명령어이다.

- **contour(z)**
  행렬 z에 대한 값을 높이로 하는 2차원 contour 그래프를 그린다.

- **contour(z,n)**
  2차원 contour 그래프에서 등고선의 수를 n인 그래프로 나타낸다.

- **contour3(z)**
  행렬 z에 대한 값을 높이로 하는 3차원 contour 그래프를 그린다.

- **contour3(z,n)**
  3차원 contour 그래프에서 등고선의 수를 n인 그래프로 나타낸다.

다음은 함수 $z = xe^{-x^2-y^2}$의 x는 $[-2,2]$, y는 $[-1,1]$ 범위 안에서x와 y가 각각 $[-2,2]$의 범위에서 20개의 등고선을 갖는 2차와 3차의 contour 그래프를 그려보자.

2차 Contour 그래프

```
[X,Y] = meshgrid(-2:0.1:2, -2:0.1:2);
Z = X.*exp(-X.^2 -Y.^2); contour(Z,20)
```

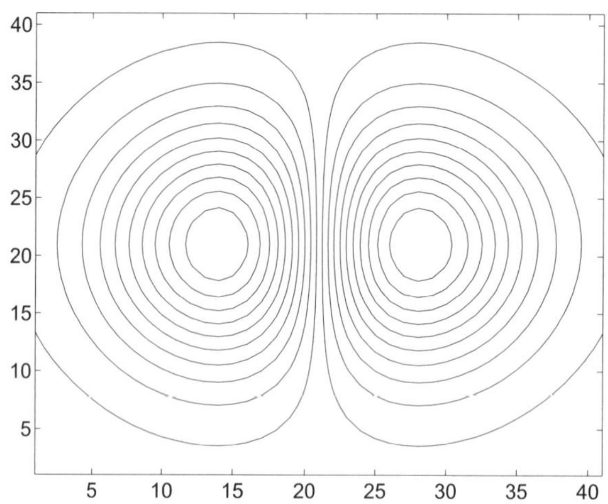

그림 1.13: 2D Contour 그래프

3차 Contour 그래프

```
[X,Y] = meshgrid(-2:0.1:2, -2:0.1:2);
Z = X.*exp(-X.^2 -Y.^2); contour3(Z,20)
```

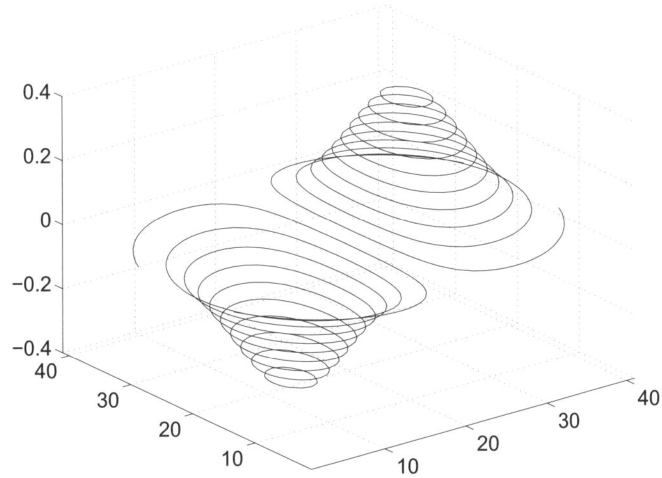

그림 1.14: 3D Contour 그래프

2.3.4 그래디언트(Gradient)와 벡터장(Vector Field)

이번에는 $z = f(x, y)$의 근사 그래디언트(Gradient)를 구하고 이를 이용하여 벡터장을 그려보는 방법을 배워보도록 하자. 이 방법은 미분방정식의 근사 방법 중 하나인 Direction Field를 그릴 때 유용하게 쓰인다. 다음은 그래디언트와 벡터장을 그리는 명령어이다.

- **[px,py]=gradient(z,dx,dy)**
  그래디언트 구하기 $px = dz/dx$, $py = dz/dy$

- **quiver(x,y,u,v)**
  점 (x, y)에서 (u, v) 성분을 갖는 벡터장을 그리는 명령어

다음은 함수 $z = xe^{-x^2-y^2}$를 x와 y가 각각 $[-2, 2]$의 범위 에서 등고선과 벡터장의 그래프를 그린 것이다.

```
[x, y] = meshgrid(-2:0.2:2); z = x.*exp(-x.^2 -y.^2);
[px,py] = gradient(z,0.2,0.2); contour(x,y,z)
hold on; quiver(x,y,px,py)
```

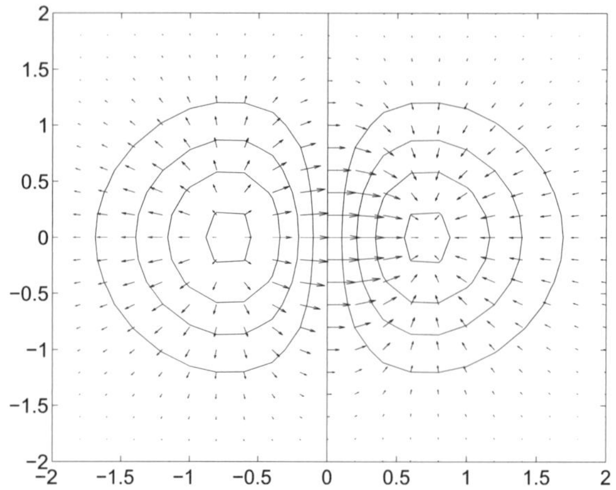

그림 1.15: $z = xe^{-x^2-y^2}$의 그래프

2.3.5 매개 변수 방정식의 그래프

$y = f(x)$와 같은 함수가 아닌 매개 변수 t로 된 매개 변수 방정식 $x = f(t)$, $y = g(t)$의 그래프를 그리는 방법에 대해서 알아보자. 보통의 매개 변수 방정식은 plot이라는 명령어를 이용하여 그래프를 그린다. 다음 코드는 매개 변수 방정식을 t가 $[0, 2\pi]$ 안에서 그래프를 그린 것이다.

$$x = 3\sin t, \qquad y = 3\cos t$$

```
t = linspace(0,2*pi); x = 3*sin(t); y = 3*cos(t);
plot(x,y,'k-'); grid on; axis image
xlabel('x'), ylabel('y')
```

매개 변수 방정식이 두 개의 식이 아닌 세 개의 식으로 되어있을 때 그래프를 그리는 방법을 알아보자. 보통 식이 3개인 방정식은 아래와 같다.

$$x = f(t), \quad y = g(t), \quad z = h(t)$$

위와 같은 매개 변수 방정식을 그릴 때에는 plot3 명령어를 이용한다. 다음은 아래 매개 변수 방정식을 t의 범위를 $[0, 2\pi]$ 안에서 그래프를 그린 것이다.

$$x = \sin t, \quad y = \cos t, \quad z = t$$

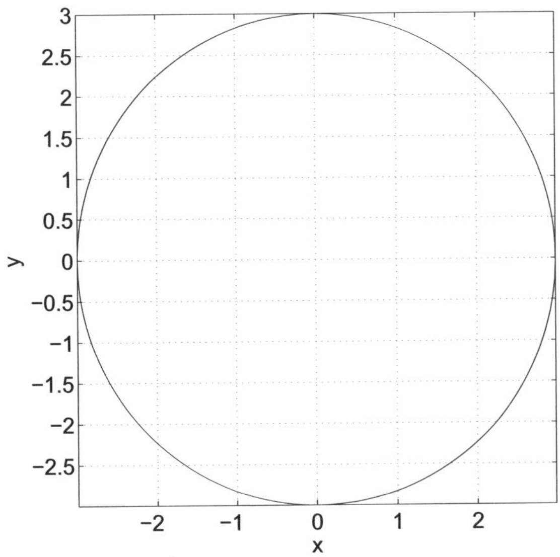

그림 1.16: $x = 3\sin t$, $y = 3\cos t$의 그래프

```
t = linspace(0,2*pi); x = sin(t); y = cos(t); z = t;
plot3(x,y,z,'k-'); grid on;
xlabel('x'), ylabel('y'), zlabel('z')
```

이제 변수가 한 개가 아닌 두 개일 경우의 그래프를 그려보자. 다음은 아래 매개 변수 방정식을 s와 t가 각각 $[-2, 2]$ 범위 안에서 그래프를 그린 것이다.

$$x = s, \quad y = t, \quad z = t^2/2 - s^2/3$$

```
s = linspace(-2,2,30); t = linspace(-2,2,30);
[ss tt] = meshgrid(s,t);
x = ss; y = tt; z = tt.^2/2 - ss.^2/3; mesh(x,y,z)
```

중심이 $(0.5, 0.5, 0.5)$이고 반지름이 0.25인 구의 그래프를 그려보자.

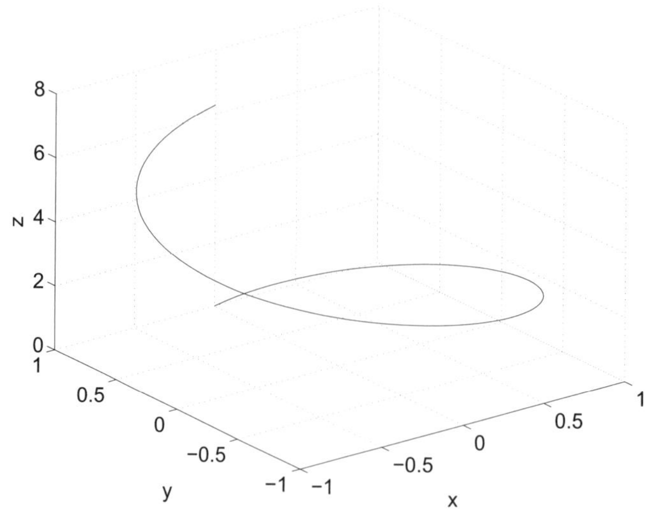

그림 1.17: $x = \sin t$, $y = \cos t$, $z = t$의 그래프

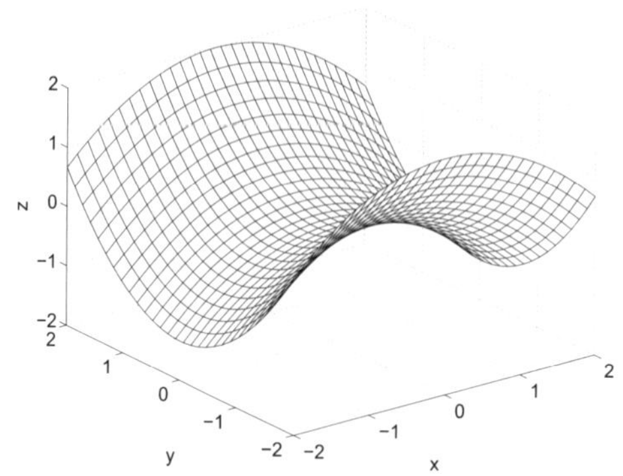

그림 1.18: $x = s$, $y = t$, $z = t^2/2 - s^2/3$의 그래프

patch는 꼭지점 좌표를 입력하고 꼭지점으로 이루어진 면의 정보를 입력해서 도형을 그리는 명령어이다. x, y, z 좌표를 patch형태로 변환하기 위해 isosurface를 사용한다.

```
>> p=patch(isosurface(x좌표,y좌표,z좌표,f데이터,기준숫자))
```

이는 '기준숫자'와 같은 값을 갖는 'f데이터'의 그래프를 그려준다. 예를 들어 $f(1,1,1) = 1$, $f(1,2,1) = 1$, $f(1,3,1) = 1$라는 데이터가 있고 기준숫자를 1로 잡는다면 $(1,1,1)$, $(1,2,1)$, $(1,3,1)$을 연결해주는 도형을 그려준다.

set 명령어를 이용하면 면과 꼭지점의 색깔을 정의할 수 있다.

```
>> set(p,'FaceColor','red','EdgeColor','none');
>> daspect([1 1 1])
```

다음은 명암을 주는 명령어이다.

```
>> camlight; lighting phong;
```

다음은 'isosurface'와 'patch'를 이용하여 전체적인 3차원 형상을 그린 것이다.

```
%%%%%%%%%%%%%%%%%%%%%%%%%%%%%% show_isosur.m %%%%%%%%%%%%%%%%%%%%
clear; n=64; x=linspace(0,1,n); y=x; z=x;
[xx,yy,zz]=meshgrid(x,y,z);
for k=1:n
 for j=1:n
  for i=1:n
   S(i,j,k)=0.5*(1.0+tanh(0.25-sqrt((x(i)-0.5)^2+(y(j)-0.5)^2+...
            (z(k)-0.5)^2)));
  end
 end
end
p=patch(isosurface(xx,yy,zz,S,0.5));
```

```
set(p,'FaceColor','magenta','EdgeColor','none'); daspect([1 1 1])
camlight;lighting phong; axis image;
axis([0.2 0.8 0.2 0.8 0.2 0.8])
```

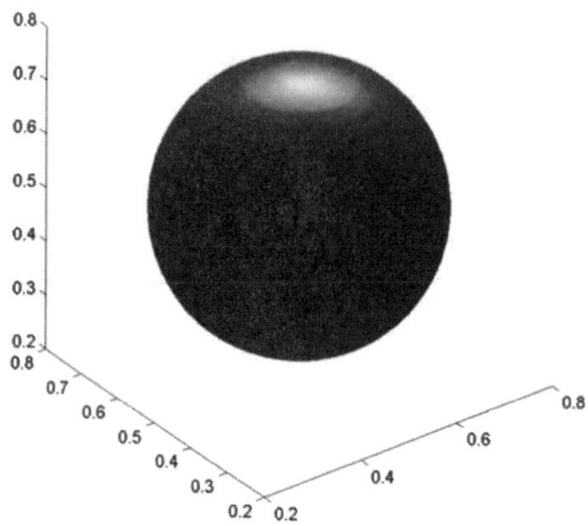

그림 1.19: 중심이 $(0.5, 0.5, 0.5)$이고 반지름이 0.25인 구의 그래프

2장

Taylor 정리

이 장에서는 수치해석학에서 가장 많이 사용되는 정리들 중 하나인 Taylor 정리를 소개한다. Taylor 정리는 비선형 방정식을 선형방정식으로 국소적으로 근사하고 미분에 대한 유한차분법을 유도할 때 사용한다.

정리 (1변수 함수의 Taylor 정리) 함수 $f(x)$가 구간 $[a,b]$에서 $(n+1)$번 미분가능하고 c가 구간 $[a,b]$의 임의의 점이라 하면, 모든 $x \in [a,b]$에 대하여 다음 식을 만족하는 ξ가 x와 c사이에 존재한다.

$$\begin{aligned} f(x) = f(c) + f'(c)(x-c) + \frac{f''(c)}{2!}(x-c)^2 + \cdots \\ + \frac{f^{(n)}(c)}{n!}(x-c)^n + \frac{f^{(n+1)}(\xi)}{(n+1)!}(x-c)^{n+1} \end{aligned}$$

(증명) Taylor정리를 증명하기 위해서는 다음 형태의 미적분학에서의 기본적인 정리에서 시작해야 한다.

$$f(x_0+h) = f(x_0) + \int_{x_0}^{x_0+h} f'(\tau)\,d\tau$$

이제 $d\tau = -d(x_0+h-\tau)$라 놓고 다시 부분적분을 하면 1차 Taylor 공식

$$f(x_0+h) = f(x_0) + f'(x_0)h + \int_{x_0}^{x_0+h} f''(\tau)(x_0+h-\tau)\,d\tau$$

이 나온다. 이때 마지막 적분 부분을 아래와 같이 바꾸어 주어

$$\begin{aligned}\int_{x_0}^{x_0+h} f''(\tau)(x_0+h-\tau)\,d\tau &= -\frac{1}{2}\int_{x_0}^{x_0+h} f''(\tau)\,d(x_0+h-\tau)^2 \\ &= \frac{1}{2}f''(x_0)h^2 + \frac{1}{2}\int_{x_0}^{x_0+h} f'''(\tau)(x_0+h-\tau)^2\,d\tau\end{aligned}$$

앞의 공식에 대입하면 다음과 같은 2차 Taylor공식이 된다.

$$f(x_0+h) = f(x_0) + f'(x_0)h + \frac{1}{2}f''(x_0)h^2 + \frac{1}{2}\int_{x_0}^{x_0+h} f'''(\tau)(x_0+h\tau)\,d\tau$$

이것을 $k=2$일 때의 Taylor 정리라고 한다. 그리고 일반적인 k에 대한 Taylor 정리는 부분적분을 반복하면 구할 수 있게 된다. □

$f(x) = e^x + 1$의 $c=0$에서 일차 근사식과 이차 근사식을 구해보자. $f(0)=2$, $f'(x)=e^x$이므로 $f'(0)=1$이고 $f''(x)=e^x$이므로 $f''(0)=1$이다. 따라서 e^x+1의 $c=0$에서 일차식은 $2+x$, 이차식은 $2+x+x^2/2$이다.

Taylor_one.m은 1변수 함수의 일차 근사식과 이차 근사식을 구하는 MATLAB 코드이다.

```
%%%%%%%%%%%%%%%%%%%%%%%%%%%% Taylor_one.m %%%%%%%%%%%%%%%%%%%%%%%%%%
clear; clc; clf; x=linspace(-1,1,20);
plot(x,exp(x)+1,'k-',x,2+x,'k--',x,2+x+x.^2/2,'k-.')
legend('f(x)','1st order','2nd order',2)
```

Taylor_one.m을 실행하면 그림 2.1과 같은 결과를 얻을 수 있다.

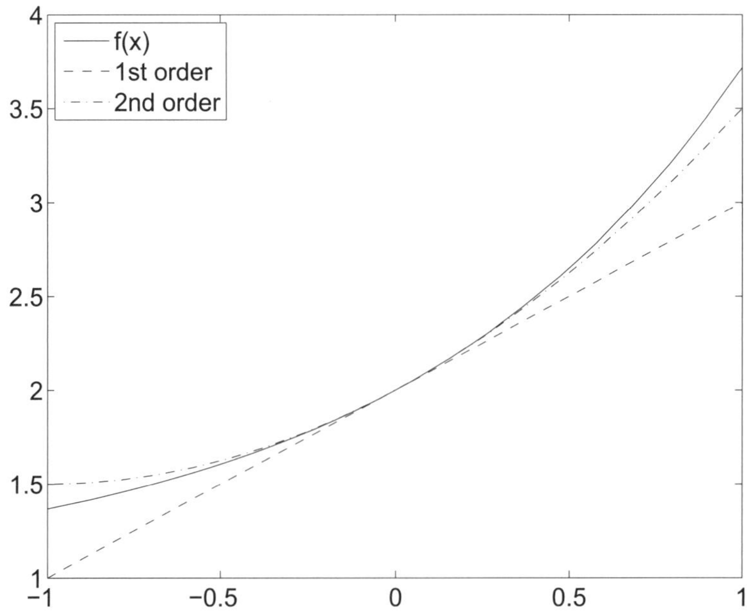

그림 2.1: 일차식과 이차식의 비교

정리 (2변수 함수의 Taylor 정리) 함수 $f(x,y)$가 점 $P(x_0,y_0)$의 한 근방 $N(P)$에서 연속인 n계 편도함수를 가질 때, 근방 $N(P)$에 속하는 점 $Q(x_0+h, y_0+k)$에 대해서 아래식이 성립한다.

$$\begin{aligned}
f(x_0+h,y_0+k) &= f(x_0,y_0)+\left(h\frac{\partial}{\partial x}+k\frac{\partial}{\partial y}\right)f(x_0,y_0) \\
&+ \frac{1}{2!}\left(h\frac{\partial}{\partial x}+k\frac{\partial}{\partial y}\right)^2 f(x_0,y_0)+\cdots \\
&+ \frac{1}{(n-1)!}\left(h\frac{\partial}{\partial x}+k\frac{\partial}{\partial y}\right)^{n-1} f(x_0,y_0) \\
&+ \frac{1}{n!}\left(h\frac{\partial}{\partial x}+k\frac{\partial}{\partial y}\right)^{n} f(x_0+\theta h,y_0+\theta k), \quad 0<\theta<1
\end{aligned}$$

(증명) $f(x_0+h, y_0+k)$를 앞의 $k=2$인 1변수 함수의 Taylor 정리에 대입을

하자. 그러면

$$\begin{aligned} f(x_0+h, y_0+k) &= f(x_0,y_0) + f'(x_0,y_0) + \frac{1}{2!}f''(x_0,y_0) \\ &\quad + \int_0^1 \frac{(t-1)^2}{2!} f'''(x_0+th, y_0+tk)\,dt \end{aligned}$$

가 된다. 그리고 연쇄법칙에 따라서

$$f'(x_0+th, y_0+tk) = \frac{\partial f}{\partial x}(x_0+th, y_0+tk)h + \frac{\partial f}{\partial y}(x_0+th, y_0+tk)k,$$

$$\begin{aligned} f''(x_0+th, y_0+tk) &= \frac{\partial^2 f}{\partial x^2}(x_0+th, y_0+tk)h^2 + \frac{\partial^2 f}{\partial y^2}(x_0+th, y_0+tk)k^2 \\ &\quad +2\frac{\partial^2 f}{\partial x \partial y}(x_0+th, y_0+tk)hk \end{aligned}$$

이므로

$$\begin{aligned} f(x_0+h, y_0+k) &= f(x_0,y_0) + \left(h\frac{\partial}{\partial x} + k\frac{\partial}{\partial y}\right) f(x_0,y_0) \\ &+\frac{1}{2}\left(h\frac{\partial}{\partial x} + k\frac{\partial}{\partial y}\right)^2 f(x_0,y_0) + \sum^n \frac{1}{n!}\left(h\frac{\partial}{\partial x} + k\frac{\partial}{\partial y}\right)^n f(x_0,y_0) \end{aligned}$$

가 된다. □

$f(x,y) = e^{x+y} + 1$의 $(x_0, y_0) = (0,0)$에서 일차근사식과 이차근사식을 구해 보자. $f(0,0) = 2$, $f_x(x,y) = f_y(x,y) = e^{x+y}$이므로 $f_x(0,0) = f_y(0,0) = 1$이고 $f_{xx}(x,y) = f_{yy}(x,y) = f_{xy}(x,y) = e^{x+y}$이므로 $f_{xx}(0,0) = f_{yy}(0,0) = f_{xy}(0,0) = 1$이다. 따라서 $e^{x+y} + 1$의 $(x_0, y_0) = (0,0)$에서 일차식은 $2 + x + y$, 이차식은 $2 + x + y + (x^2 + 2xy + y^2)/2$이다.

Taylor_two.m은 2변수 함수의 일차근사식과 이차근사식을 구하는 MATLAB 코드이다.

```
%%%%%%%%%%%%%%%%%%%%%%%%%% Taylor_two.m %%%%%%%%%%%%%%%%%%%%%%%%%%
clear; clc; clf; n=20; x=linspace(-1,1,n); y=x;
[xx yy]=meshgrid(x,y);
```

```
mesh(xx,yy,exp(xx+yy)+1)
hold on
mesh(xx,yy,2+xx+yy)
for i=1:20
 for j=1:20
  T(i,j)=2+x(i)+y(j)+0.5*(x(i)^2+2*x(i)*y(j)+y(j)^2);
 end
end
mesh(xx,yy,T)
```

`Taylor_two.m`을 실행하면 그림 2.2와 같은 결과를 얻을 수 있다.

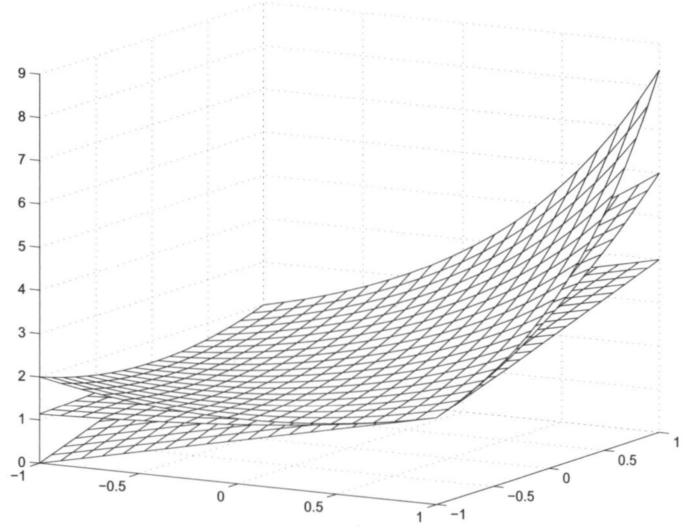

그림 2.2: 일차식과 이차식의 비교

정리 (3변수 함수의 Taylor 정리) 함수 $f(x,y,z)$가 점 $P(x_0,y_0,z_0)$의 한 근방 $N(P)$에서 연속인 n계 편도함수를 가질 때, 근방 $N(P)$에 속하는 점

$Q(x_0+h, y_0+k, z_0+l)$에 대해서 아래식이 성립한다.

$$f(x_0+h, y_0+k, z_0+l) = f(x_0, y_0, z_0) + \left(h\frac{\partial}{\partial x} + k\frac{\partial}{\partial y} + l\frac{\partial}{\partial z}\right) f(x_0, y_0, z_0)$$
$$+\frac{1}{2!}\left(h\frac{\partial}{\partial x} + k\frac{\partial}{\partial y} + l\frac{\partial}{\partial z}\right)^2 f(x_0, y_0, z_0) + \cdots$$
$$+\frac{1}{(n-1)!}\left(h\frac{\partial}{\partial x} + k\frac{\partial}{\partial y} + l\frac{\partial}{\partial z}\right)^{n-1} f(x_0, y_0, z_0)$$
$$+\frac{1}{n!}\left(h\frac{\partial}{\partial x} + k\frac{\partial}{\partial y} + l\frac{\partial}{\partial z}\right)^{n} f(x_0+\theta h, y_0+\theta k, z_0+\theta l), \quad 0<\theta<1$$

(증명) $f(x_0+h, y_0+k)$를 앞의 $k=2$인 1변수 함수의 Taylor 정리에 대입을 하자. 그러면

$$\begin{aligned} f(x_0+h, y_0+k, z_0+l) &= f(x_0, y_0, z_0) + f'(x_0, y_0, z_0) + \frac{1}{2!}f''(x_0, y_0, z_0) \\ &\quad + \int_0^1 \frac{(t-1)^2}{2!} f'''(x_0+th, y_0+tk, z_0+tl)\,dt \end{aligned}$$

가 된다. 그리고 연쇄법칙에 따라서

$$f'(x_0+th, y_0+tk, z_0+tl) = \frac{\partial f}{\partial x}(x_0+th, y_0+tk, z_0+tl)h$$
$$+\frac{\partial f}{\partial y}(x_0+th, y_0+tk, z_0+tl)k + \frac{\partial f}{\partial z}(x_0+th, y_0+tk, z_0+tl)l,$$
$$f''(x_0+th, y_0+tk, z_0+tl) = \frac{\partial^2 f}{\partial x^2}(x_0+th, y_0+tk, z_0+tl)h^2$$
$$+\frac{\partial^2 f}{\partial y^2}(x_0+th, y_0+tk, z_0+tl)k^2 + \frac{\partial^2 f}{\partial z^2}(x_0+th, y_0+tk, z_0+tl)l^2$$
$$+2\frac{\partial^2 f}{\partial x\partial y}(x_0+th, y_0+tk, z_0+tl)hk + 2\frac{\partial^2 f}{\partial x\partial z}(x_0+th, y_0+tk, z_0+tl)hl$$
$$+2\frac{\partial^2 f}{\partial y\partial z}(x_0+th, y_0+tk, z_0+tl)kl$$

이므로

$$
\begin{aligned}
f(x_0+h, y_0+k, z_0+l) &= f(x_0, y_0, z_0) + \left(h\frac{\partial}{\partial x} + k\frac{\partial}{\partial y} + l\frac{\partial}{\partial z}\right) f(x_0, y_0, z_0) \\
&\quad + \frac{1}{2}\left(h\frac{\partial}{\partial x} + k\frac{\partial}{\partial y} + l\frac{\partial}{\partial z}\right)^2 f(x_0, y_0, z_0) \\
&\quad + \sum^{n} \frac{1}{n!}\left(h\frac{\partial}{\partial x} + k\frac{\partial}{\partial y} + l\frac{\partial}{\partial z}\right)^n f(x_0, y_0, z_0)
\end{aligned}
$$

가 된다. □

3장

보간법

불연속적으로 주어진 자료 $\{(x_i, y_i)|i = 1, 2, \ldots, n\}$에 대하여

$$p_n(x_1) = y_1, \quad p_n(x_2) = y_2, \quad \cdots, \quad p_n(x_n) = y_n$$

을 만족하는 n차 다항식 $p_n(x)$를 구하는 방법이 보간법이다. 이렇게 구한 다항식 $p_n(x)$를 보간 다항식(interpolation polynomial)이라 하며, 점 $x_1, x_2, \ldots, x_n$을 마디점(node point)이라 부른다. 보간 다항식 $p_n(x)$를 사용하여 x_1과 x_n 사이 또는 그 구간 밖의 x에 대한 값을 구할 수 있다.

제 1 절 선형 보간법(Linear Interpolation)

가장 간단한 보간법은 점들을 직선으로 연결하는 선형 보간법이다. 두 개의 점 (x_0, y_0)와 (x_1, y_1)이 있다고 하면 이 둘을 잇는 직선은 다음과 같다 (그림 3.1).

$$P_1(x) = y_0 + \frac{y_1 - y_0}{x_1 - x_0}(x - x_0) = \frac{x - x_1}{x_0 - x_1}y_0 + \frac{x - x_0}{x_1 - x_0}y_1$$

`lininterp.m`은 선형 보간법을 적용한 MATLAB 코드이다. 주어진 9개의 점들로부터 선형 보간을 해서 각 구간을 양 끝 구간점을 포함하는 10개의 점에서 값을 구한 후에 plot으로 그린 것이다.

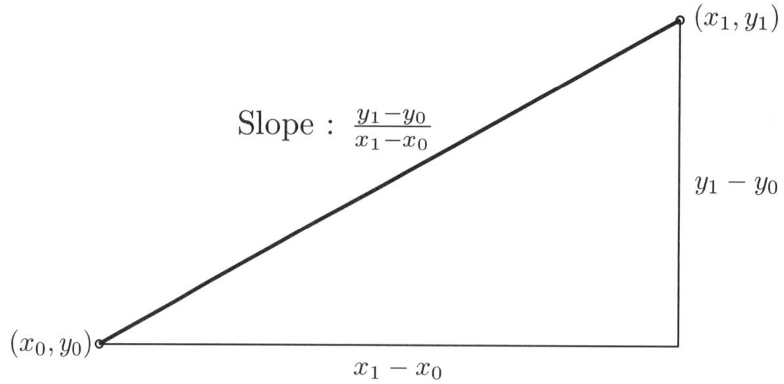

그림 3.1: 선형 보간법

```
%%%%%%%%%%%%%%%%%%%%%% lininterp.m %%%%%%%%%%%%%%%%%%%%%%%%%%%
clc; clear; clf;
xp=[1 1.5 5 7.2 8 9.5 10 15];
yp=[1 3 4 2.2 3 5 2 7];
plot(xp,yp,'ko'); hold
np=length(xp); n=10;
for i=1:np-1
   x=linspace(xp(i+1),xp(i),n);
   y=(yp(i+1)-yp(i))/(xp(i+1)-xp(i))*(x-xp(i))+yp(i);
plot(x,y,'k+-');
end
axis([xp(1) xp(np) min(yp) max(yp)]);
```

위의 코드 `lininterp.m`를 실행하면 그림 3.2와 같은 결과를 얻을 수 있다.

제 2 절 삼차 스플라인 보간법

이차 다항식을 소구간에서 보간 다항식으로 사용하는 경우에는 전체구간의 양 끝점에서 보간 다항식의 값과 주어진 함수값을 일치시키는 데 어려움이 있다. 이러한 어려움을 극복하기 위해서 삼차 다항식을 소구간에서 사용하는데, 이런 방법

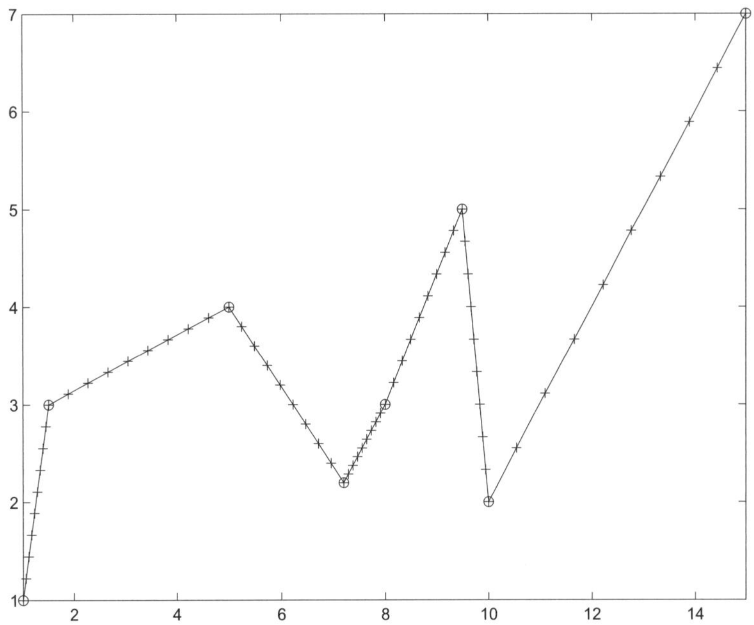

그림 3.2: 선형 보간법

을 삼차 스플라인 보간법이라 부른다. 일반적으로 고차의 스플라인 방법은 별로 장점이 없다.

정리 (삼차 스플라인 함수) $a = t_1 < t_2 < \cdots < t_n = b$인 n개의 점 $\{(t_i, y_i) | i = 1, 2, \ldots, n\}$에 대하여 다음 조건을 만족하는 다항식 $S(x)$가 유일하게 존재한다.

(1) $S(t_i) = y_i, \quad i = 1, 2, \ldots, n$

(2) $S(x)$는 소구간 $t_i \le x \le t_{i+1},\ i = 1, 2, \ldots, n-1$에서 삼차 다항식이다.

(3) $S(x),\ S'(x),\ S''(x)$는 구간 $a \le x \le b$에서 연속이다.

(4) $S''(t_1) = S''(t_n) = 0$

위 정리의 다항식 $S(x)$를 자연 삼차 스플라인 함수(natural cubic spline function)라 부른다. 자료 (t_i, y_i), $i = 1, \ldots, n$을 보간하는 삼차스플라인 함수 $S(x)$를

$$S(x) = \begin{cases} S_1(x), & t_1 \le x \le t_2 \\ S_2(x), & t_2 \le x \le t_3 \\ \vdots & \vdots \\ S_{n-1}(x), & t_{n-1} \le x \le t_n \end{cases}$$

라 하자. $S''(x)$는 연속이므로 편의상 $z_i = S''(t_i)$라 하고 조건 (4)에 의하여 $z_1 = z_n = 0$이다. 소구간 $[t_i, t_{i+1}]$에서 $S_i''(x)$는 (t_i, z_i)와 (t_{i+1}, z_{i+1})을 지나는 직선이므로 $h_i = t_{i+1} - t_i$로 놓으면

$$S_i''(x) = \frac{z_{i+1}}{h_i}(x - t_i) + \frac{z_i}{h_i}(t_{i+1} - x)$$

이고 두 번 적분하면

$$S_i(x) = \frac{z_{i+1}}{6h_i}(x - t_i)^3 + \frac{z_i}{6h_i}(t_{i+1} - x)^3 + a(x - t_i) + b(t_{i+1} - x)$$

이 된다. $S_i(t_i) = y_i$, $S_i(t_{i+1}) = y_{i+1}$이므로 상수 a_i, b_i는 다음과 같이 구해진다.

$$a_i = \frac{y_{i+1}}{h_i} - \frac{h_i}{6}z_{i+1}, \quad b_i = \frac{y_i}{h_i} - \frac{h_i}{6}z_i.$$

$z_1 = z_n = 0$이므로 $z_2, \ldots, z_{n-1}$이 구해지면 $S_i(x)$는 다음과 같다.

$$\begin{aligned} S_i(x) &= \frac{z_{i+1}}{6h_i}(x - t_i)^3 + \frac{z_i}{6h_i}(t_{i+1} - x)^3 \\ &\quad + \left(\frac{y_{i+1}}{h_i} - \frac{h_i}{6}z_{i+1}\right)(x - t_i) + \left(\frac{y_i}{h_i} - \frac{h_i}{6}z_i\right)(t_{i+1} - x) \end{aligned} \tag{3.1}$$

아직 구해지지 않은 $z_2, \ldots, z_{n-1}$은 $S'(x)$의 연속성을 이용하여 구할 수 있다. 식 (3.1)로부터

$$\begin{aligned} S_i'(x) &= \frac{z_{i+1}}{2h_i}(x - t_i)^2 - \frac{z_i}{2h_i}(t_{i+1} - x)^2 \\ &\quad + \left(\frac{y_{i+1}}{h_i} - \frac{h_i}{6}z_{i+1}\right) - \left(\frac{y_i}{h_i} - \frac{h_i}{6}z_i\right) \end{aligned}$$

이므로 $c_i = (y_{i+1} - y_i)/h_i$로 놓으면

$$\begin{aligned} S_i'(t_i) &= -\frac{h_i}{2}z_i + \left(\frac{y_{i+1}}{h_i} - \frac{h_i}{6}z_{i+1}\right) - \left(\frac{y_i}{h_i} - \frac{h_i}{6}z_i\right) \\ &= -\frac{h_i}{6}z_{i+1} - \frac{h_i}{3}z_i + c_i \\ S_{i-1}'(t_i) &= \frac{h_{i-1}}{3}z_i + \frac{h_{i-1}}{6}z_{i-1} + c_{i-1} \end{aligned}$$

이고 $S_i'(t_i) = S_{i-1}'(t_i)$이므로 $i = 2, \ldots, n-1$에 대하여

$$h_{i-1}z_{i-1} + 2(h_{i-1} + h_i)z_i + h_i z_{i+1} = 6(c_i - c_{i-1})$$

을 얻는다. $u_i = 2(h_{i-1} + h_i)$, $v_i = 6(c_i - c_{i-1})$로 놓으면 다음과 같은 연립방정식을 얻는다.

$$\begin{cases} z_1 = 0 \\ h_{i-1}z_{i-1} + u_i z_i + h_i z_{i+1} = v_i, \quad 2 \le i \le n-1 \\ z_n = 0 \end{cases}$$

위 식의 연립방정식을 행렬로 표시하면 다음과 같다.

$$\begin{pmatrix} u_2 & h_2 & 0 & \cdots & \cdots & 0 \\ h_2 & u_3 & h_3 & 0 & \cdots & 0 \\ 0 & h_3 & u_4 & \ddots & \cdots & \vdots \\ \vdots & 0 & \ddots & \ddots & \ddots & 0 \\ \vdots & \vdots & \ddots & \ddots & u_{n-2} & h_{n-2} \\ 0 & 0 & \cdots & 0 & h_{n-2} & u_{n-1} \end{pmatrix} \begin{pmatrix} z_2 \\ z_3 \\ \vdots \\ \vdots \\ z_{n-2} \\ z_{n-1} \end{pmatrix} = \begin{pmatrix} v_2 \\ v_3 \\ \vdots \\ \vdots \\ v_{n-2} \\ v_{n-1} \end{pmatrix}$$

위의 계수행렬은 삼중대각행렬이다. `natural_cubic.m`은 삼차 스플라인 보간법을 이용하여 마디점 0, 0.1, 0.3, 0.35, 0.63, 0.71, 0.85, 0.96, 1에서 함수 $f(x) = \sin(2\pi x^5)$를 보간하는 MATLAB 코드이다. `natural_cubic.m`을 실행하면 그림 3.3와 같은 결과를 얻을 수 있다.

```
%%%%%%%%%%%%%%%%%%%%%% natural_cubic.m %%%%%%%%%%%%%%%%%%%%%%
clear; clc; clf; f=inline('sin(2*pi*x.^5)');
x=[0 0.1 0.3 0.35 0.63 0.71 0.85 0.96 1];
y=f(x); n=length(x); xp=linspace(x(1),x(n),10*n);
plot(x,y,'ko'); hold
plot(xp,f(xp),'k-');
for i=1:n-1
 h(i)=x(i+1)-x(i); c(i)=(y(i+1)-y(i))/h(i);
end
A=zeros(n-2);
for i=1:n-2
  A(i,i)=2*(h(i+1)+h(i)); v(i)=6*(c(i+1)-c(i));
end
for i=2:n-2
 A(i,i-1)=h(i); A(i-1,i)=h(i);
end
z(1)=0; z(n)=0;           % Natural spline
z(2:n-1)=inv(A)*v';
for i=1:n-1
    t=linspace(x(i),x(i+1),20);
  S=z(i+1)/(6*h(i))*(t-x(i)).^3+z(i)/(6*h(i))*(x(i+1)-t).^3+...
      (y(i+1)/h(i)-h(i)/6*z(i+1))*(t-x(i))+...
      (y(i)/h(i)-h(i)/6*z(i))*(x(i+1)-t);
plot(t,S,'k+-');
end
axis([x(1) x(n) min(y)-0.3 max(y)+0.3])
legend('data','sin(2\pi x^5)','cubic spline')
```

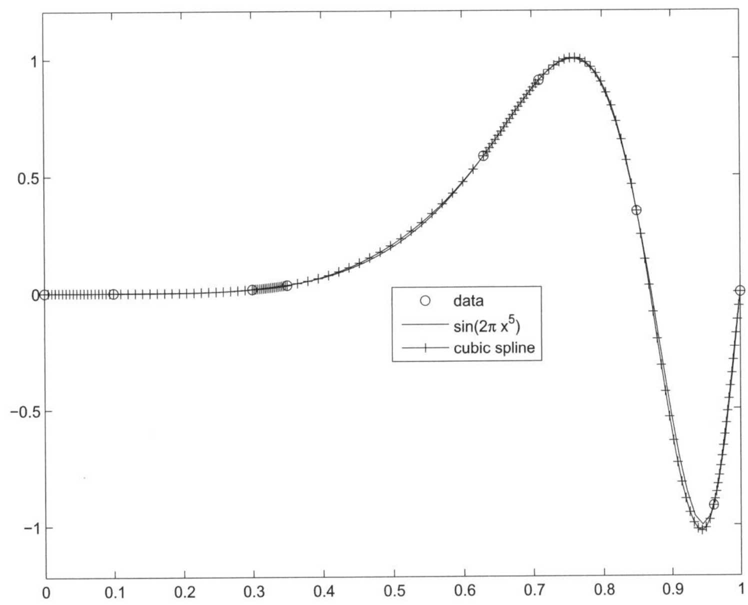

그림 3.3: 삼차 스플라인 보간법

제 3 절 양선형 보간법

양선형 보간법(Bilinear interpolation)은 주로 2차원 사각형 안의 값(grided data)을 추측하는데 쓰인다. 기본 개념은 그림 3.4에 나타나 있다. 그림 3.4와 같이 (x, y)와 모서리의 사각형 점의 상대적인 거리비를 구하여 그 거리비와 모서리 점의 값들의 비로 함수($G_{i,j} = G(x_i, y_j)$)를 나타낸다.

$$G(x_i, y_j) = \frac{1}{4} \sum_{p=0,q=0}^{1} G_{i+p,j+q} \bar{x}_p \bar{y}_q \tag{3.2}$$

여기서 $\bar{x}_p$와 $\bar{y}_p$는

$$\bar{x}_p = 1 + (2p-1)\left(\frac{2(x-x_i)}{h} - 1\right)$$
$$\bar{y}_q = 1 + (2q-1)\left(\frac{2(y-y_i)}{h} - 1\right)$$

이다. 위 함수 (3.2)을 MATLAB으로 나타내 보자.

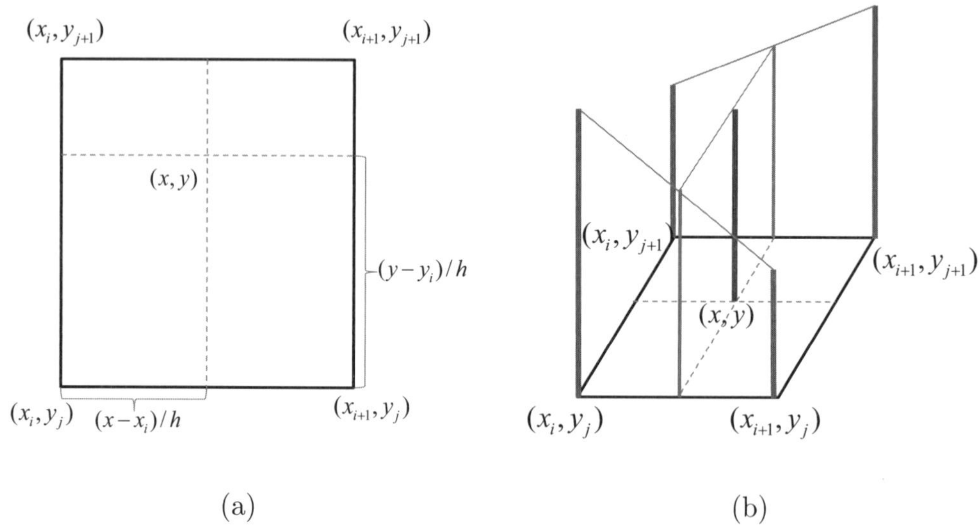

그림 3.4: 양선형 보간법의 기본 개념

```
%%%%%%%%%%%%%%%%%%%%%% bilineargraph.m %%%%%%%%%%%%%%%%%%%%%%
clc;clear;
n=2;
x=linspace(0,1,n);
y=x;
h=x(2)-x(1);
[xx,yy]=meshgrid(x,y);
A=[1 2; 3 4;];
mesh(A);
xp=0.5;yp=0.5;

sumg=0;
for i=1:n
    for j=1:n
        xb=1+(2*(i-1)-1)*(2*(xp-x(1))/h-1);
        yb=1+(2*(j-1)-1)*(2*(yp-y(1))/h-1);
```

```
        sumg=sumg+A(i,j)*xb*yb;
    end
end
intepo=sumg/4;%% interpolation x
```

제 4 절 MATLAB 내장함수를 이용한 보간법

실험 데이터가 너무 적거나 불연속으로 주어졌을 경우 그 경향성을 알아보기 위하여 실험 데이터의 중간 값들을 알아내야 하는 경우가 있다. 이런 경우 보간을 수행하여 수학적으로 중간의 값들을 추정하곤 한다. 이러한 수치적인 보간을 해주는 MATLAB 내장함수 중 하나가 `interp1`[1] 함수이다.
다음과 같은 데이터를 가정해 보자.

```
x = 0 1 2 3 4 5 6 7
y = 0 0.8415 0.9093 0.1411 -0.7568 -0.9589 -0.2794 0.6570
```

위의 y값은 $0, 1, \ldots, 7$에 대한 sin( ) 값을 나타낸다.

MATLAB에서 `interp1`함수를 사용할 때 다음과 같은 옵션을 부여할 수 있다.

- `'linear'` : 1차 보간
- `'spline'` : 구분적 3차 스플라인 보간
- `'pchip'` : shape-preserving 구분적 3차 보간

어느 것도 입력하지 않았을 때 기본값은 `'linear'` 이다.

`eg_linear.m`은 MATLAB 내장함수 `interp1`에서 옵션으로 `'linear'`을 사용하여 보간하는 MATLAB 코드이다. `eg_linear.m`을 실행하면 그림 3.5와 같은 결과를 얻을 수 있다.

```
%%%%%%%%%%%%%%%%%%%%%%%%%%%%%%%% eg_linear.m %%%%%%%%%%%%%%%%%%%%%%%%%%%%%%%
clear; clc; clf; x=0:1:7; y=sin(x); m=length(x);
```

[1] 데이터가 2차원으로 주어졌을 경우 interp2, 3차원으로 주어졌을 경우 interp3을 사용한다.

```
xleft=min(x); xright=max(x); mp=100*m;
dx=(xright-xleft)/(mp-1);
xs=xleft:dx:xright; ys=interp1(x,y,xs,'linear');
plot(x,y,'ko',xs,ys,'k-'); legend('node','linear',1);
```

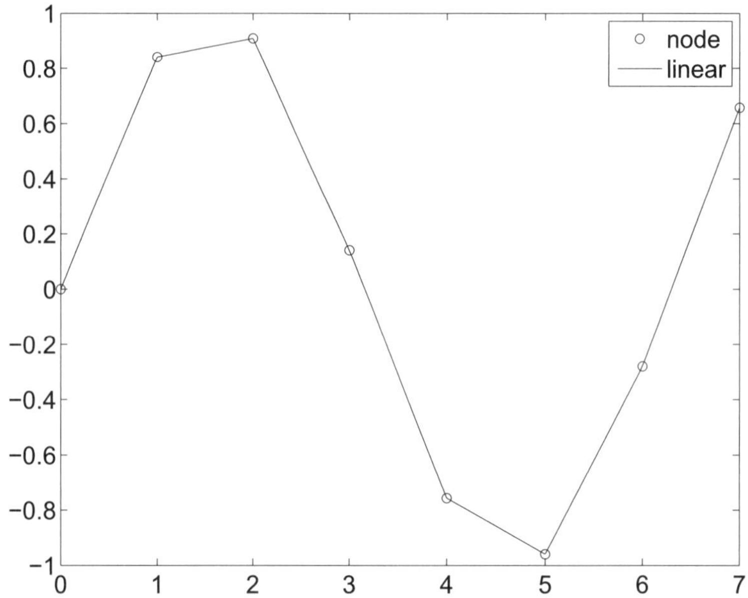

그림 3.5: interp1에서 옵션으로 'linear'을 사용하였을 때

eg_pchip.m은 MATLAB 내장함수 interp1에서 옵션으로 'pchip'을 사용하여 보간하는 MATLAB 코드이다. eg_pchip.m을 실행하면 그림 3.6과 같은 결과를 얻을 수 있다.

```
%%%%%%%%%%%%%%%%%%%%%%%%%%%%%% eg_pchip.m %%%%%%%%%%%%%%%%%%%%%%%%%%%%%
clear; clc; clf; x=0:1:7; y=sin(x); m=length(x);
xleft=min(x); xright=max(x); mp=100*m;
dx=(xright-xleft)/(mp-1);
xs=xleft:dx:xright; ys=interp1(x,y,xs,'pchip');
```

```
plot(x,y,'ko',xs,ys,'k-'); legend('node','pchip',1);
```

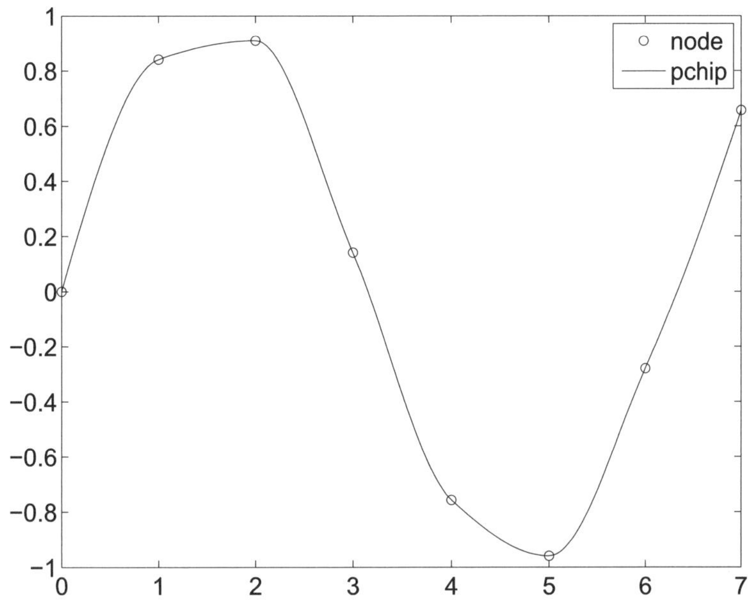

그림 3.6: interp1에서 옵션으로 'pchip'을 사용하였을 때

eg_spline.m은 MATLAB 내장함수 interp1에서 옵션으로 'spline'을 사용하여 보간하는 MATLAB 코드이다. eg_spline.m을 실행하면 그림 3.7과 같은 결과를 얻을 수 있다.

```
%%%%%%%%%%%%%%%%%%%%%%%%%%%% eg_spline.m %%%%%%%%%%%%%%%%%%%%%%%%%%%
clear; clc; clf; x=0:1:7; y=sin(x); m=length(x);
xleft=min(x); xright=max(x); mp=100*m;
dx=(xright-xleft)/(mp-1);
xs=xleft:dx:xright; ys=interp1(x,y,xs,'spline');
plot(x,y,'ko',xs,ys,'k-'); legend('node','spline',1);
```

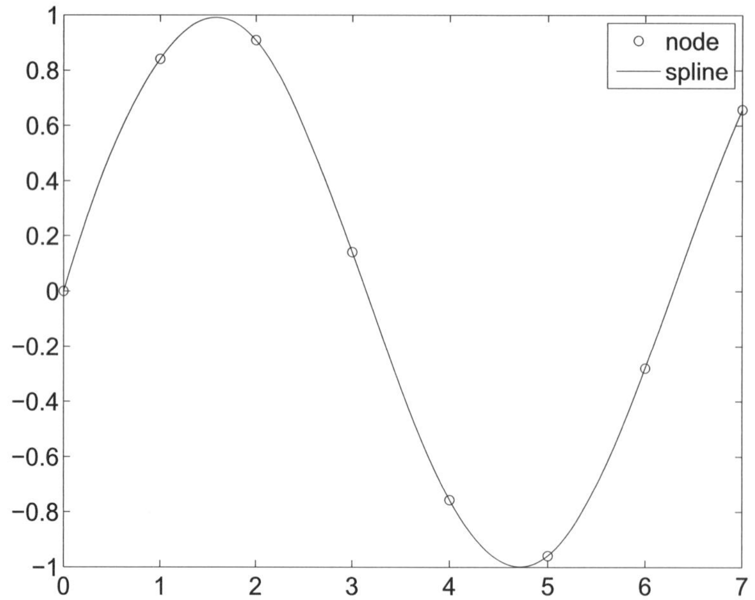

그림 3.7: interp1에서 옵션으로 'spline'을 사용하였을 때

4.1 시스템의 내장함수를 이용한 보간법

MATLAB 내장함수를 이용하여 시스템에서의 보간법을 알아보기로 하자.
다음과 같은 데이터를 가정해 보자.

```
x = 0 1 2 3 4 5 6 7
y = 0 0.8415 0.9093 0.1411 -0.7568 -0.9589 -0.2794 0.6570
```

위의 x 와 y값은 t$=0, 1, \ldots, 7$에 대하여 각각의 $(1+t)\cos(t)$, $(1+t)\sin(t)$ 값을 나타낸다. `system_spline.m`은 MATLAB 내장함수 `interp1`에서 옵션으로 `'spline'`을 사용하여 보간하는 MATLAB 코드이다. `system_spline.m`을 실행하면 그림 3.8과 같은 결과를 얻을 수 있다.

```
clear; clc; clf;
dt = 1.0; Nt=30;
t = linspace(0,3.0*pi,Nt);
```

```
x = (1+t).*cos(t);
y =  (1+t).*sin(t);
plot(x,y,'ko')
hold on
tt = linspace(0,3.0*pi,100*Nt);
xx=interp1(t,x,tt,'spline');
yy=interp1(t,y,tt,'spline');
plot(xx,yy,'k-','linewidth',1.5)
axis image
xlabel('x','fontsize',20,'rotation',0)
ylabel('y','fontsize',20,'rotation',0)
axis([-12 10.01 -7 11])
set (gca,'fontsize',20)
print -deps 'system_spl.eps'
```

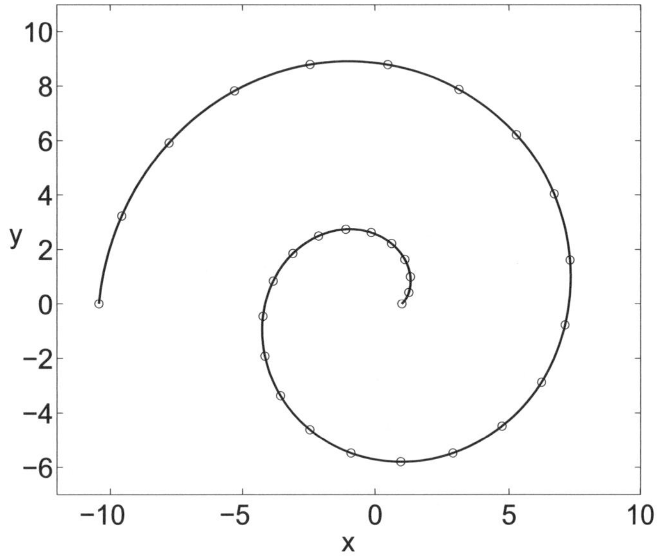

그림 3.8: 시스템에서 보간법을 사용하여 interp1의 옵션으로 'spline'을 사용한 경우

4장

방정식의 수치해법

자연과학의 가장 기본적인 문제들 중의 하나가 방정식의 해를 구하는 것이다. 즉, 주어진 함수 $f(x)$에 대하여 방정식 $f(x) = 0$을 만족하는 변수의 값(해 또는 근) x를 구하는 방법이다. 특별한 종류의 $f(x)$에 대해서는 쉽게 해를 구할 수 있지만, $x^3 + 3x - 1 = 0$과 같은 대수방정식이나 $x - \cos x = 0$와 같은 초월방정식의 경우에는 해를 구하기가 쉽지 않다. 이 장에서는 이러한 방정식의 근사해를 구하는 여러 가지 방법에 대하여 알아본다.

제 1 절 이분법

수치해석에서 다루는 여러 문제에 대하여 수학적으로 정확한 해를 정해(exact solution) 또는 참값이라 부르고, 수치적 방법을 이용하여 구한 해를 수치해(numerical solution) 또는 근사값이라고 한다. 구간 $[a, b]$ 위에서 연속인 함수 $f(x)$가 점 a, b에서 함수값이 서로 반대 부호를 가지면 즉,

$$f(a)f(b) < 0 \tag{4.1}$$

이면 중간값 정리에 의해 방정식 $f(x) = 0$을 만족하는 x가 구간 (a, b)에 적어도 하나는 존재한다는 사실을 이용하여 원하는 정도의 정확도를 갖는 해를 구하는 방법을 이분법(bisection method)이라 한다. 이를 더 자세하게 설명하면, 이분법은 함수 $f(x)$가 양 끝점에서 반대 부호를 갖는 구간을 $[a_1, b_1]$라 하고 오차가 ϵ보다 작

은 수치해를 구하기 위해서 $n = 1, 2, 3, \ldots$에 대하여 다음 알고리즘을 반복 시행한다 (그림 4.1 참고).

(1) $c_n = \dfrac{a_n + b_n}{2}$

(2) $b_n - c_n \le \epsilon$이면 c_n이 구하려는 수치해이다.

(3) $f(a_n)f(c_n) \le 0$이면 $a_{n+1} = a_n$, $b_{n+1} = c_n$으로 택한다.

$f(a_n)f(c_n) > 0$이면 $a_{n+1} = c_n$, $b_{n+1} = b_n$으로 택한다.

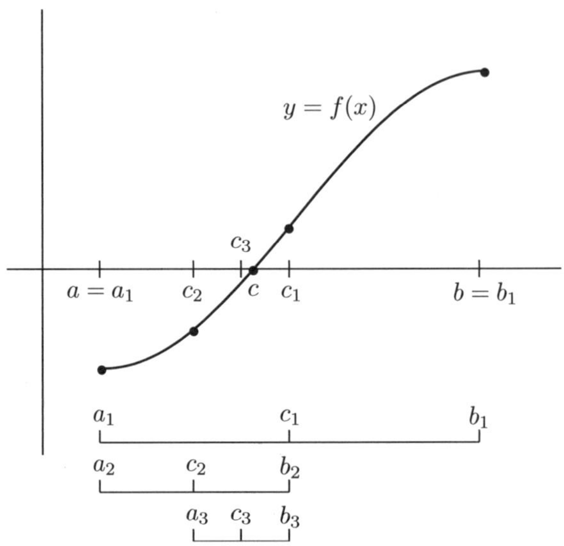

그림 4.1: 이분법

이분법을 이용하여 오차가 0.001보다 작은 다음 방정식의 수치해를 구해보자.

$$f(x) = x^5 + 3x - 1 = 0$$

`bisection.m`은 이분법을 이용하여 방정식의 수치해를 계산하는 MATLAB 코드이다.

```
%%%%%%%%%%%%%%%%%%%%%%%%%%%%%%%%%% bisection.m %%%%%%%%%%%%%%%%%%%%%%%%%
clear; clc; clf;
```

```
f='x^5+3*x-1';
n=1; a=0; b=1; c=(a+b)/2; tol=0.001;
fprintf(' n         a              b             c             b-c \n')
while b-c>=tol
 n=n+1;
 x=b; fb=eval(f);
 x=c; fc=eval(f);
 if fb*fc<=0
     a=c; c=(a+b)/2;
 else
     b=c; c=(a+b)/2;
 end
 fprintf('%2.0f %2.10f %2.10f %2.10f %2.4e \n',n,a,b,c,b-c)
end
```

bisection.m을 실행하면 다음과 같은 결과를 얻을 수 있다.

```
 n       a              b             c             b-c
 2 0.0000000000 0.5000000000 0.2500000000 2.5000e-001
 3 0.2500000000 0.5000000000 0.3750000000 1.2500e-001
 4 0.2500000000 0.3750000000 0.3125000000 6.2500e-002
 5 0.3125000000 0.3750000000 0.3437500000 3.1250e-002
 6 0.3125000000 0.3437500000 0.3281250000 1.5625e-002
 7 0.3281250000 0.3437500000 0.3359375000 7.8125e-003
 8 0.3281250000 0.3359375000 0.3320312500 3.9063e-003
 9 0.3281250000 0.3320312500 0.3300781250 1.9531e-003
10 0.3300781250 0.3320312500 0.3310546875 9.7656e-004
```

제 2 절 Newton 방법

Newton 방법은 방정식 $f(x) = 0$의 해를 구하는 수치해법 중에서 간편하고 신속하기 때문에 가장 잘 알려져 있다. 함수 $f(x)$가 연속인 도함수를 가지면 곡선 $y = f(x)$의 접선의 방정식을 구할 수 있다. 이 접선의 방정식을 이용하여 구하고자 하는 방정식의 수치해를 구하는 것이 Newton 방법이다.

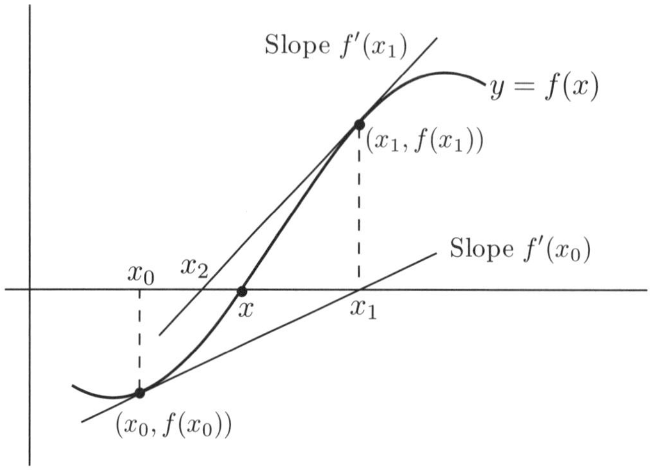

그림 4.2: Newton 방법

임의의 초기값 x_0에서 곡선 $y = f(x)$의 접선의 방정식이 축과 만나는 점을 x_1이라 하면, 다음과 같은 관계식을 얻는다.

$$f'(x_0) = \frac{f(x_0)}{x_0 - x_1}$$

위 식을 x_1에 관해 풀면 다음과 같다.

$$x_1 = x_0 - \frac{f(x_0)}{f'(x_0)}$$

x_1에서 곡선 $y = f(x)$의 접선의 방정식이 x축과 만나는 점을 x_2라 하면

$$x_2 = x_1 - \frac{f(x_1)}{f'(x_1)}$$

이다. 따라서 연속적으로 이 과정을 계속 반복하면 다음과 같은 반복 알고리즘

$$x_{n+1} = x_n - \frac{f(x_n)}{f'(x_n)}, \quad n = 0, 1, 2, \ldots$$

을 얻는다. 이 알고리즘이 방정식 $f(x) = 0$의 수치해를 구하는 Newton 방법이다 (그림 4.2 참고). Newton 방법을 이용하여 오차가 10^{-10}보다 작은 다음 방정식의 수치해를 구해보자.

$$f(x) = x^5 + 3x - 1 = 0$$

newton.m은 Newton 방법을 이용하여 방정식의 수치해를 계산하는 MATLAB 코드이다.

```
%%%%%%%%%%%%%%%%%%%%%%%%%%% newton.m %%%%%%%%%%%%%%%%%%%%%%%%%%%
clear; clc; clf;
f='x^5+3*x-1'; df='5*x^4+3';
n=0; x0=0.5; tol=10^(-10); m=1;
fprintf(' n         x_n           f(x_n)        x_n-x_(n-1) \n')
while m>=tol
 n=n+1; x=x0; y=eval(f); dy=eval(df);
 x1=x0-y/dy; m=abs(x1-x0);
 x=x1; y=eval(f);
 fprintf('%2.0f    %2.4e    %2.4e    %2.4e \n',n,x1,y,x1-x0)
 x0=x1;
end
```

newton.m을 실행하면 다음과 같은 결과를 얻을 수 있다.

```
n        x_n           f(x_n)         x_n-x_(n-1)
1    3.3962e-001    2.3386e-002    -1.6038e-001
2    3.3200e-001    2.2278e-005    -7.6263e-003
3    3.3199e-001    1.9385e-011    -7.2785e-006
4    3.3199e-001    2.2204e-016    -6.3335e-012
```

제 3 절 Secant 방법

앞 절에서 배운 Newton 방법은 $f(x)$의 도함수를 이용하여 접선의 식을 구하고 이 접선의 식이 x축과 만나는 점을 수치해로 구하는 방법이었다. 따라서 $f(x)$가 도

함수를 갖지 않으면 Newton 방법을 사용할 수가 없다. Secant 방법은 x_n과 x_{n-1} 사이의 $f(x)$의 평균변화율

$$\frac{f(x_n) - f(x_{n-1})}{x_n - x_{n-1}}$$

의 값으로 Newton 방법에서 사용되는 $f'(x_n)$의 값을 대신하여 수치해를 구하는 방법이다. 따라서 Secant 방법은 다음 반복 알고리즘을 사용한다.

$$x_{n+1} = x_n - f(x_n)\frac{x_n - x_{n-1}}{f(x_n) - f(x_{n-1})}, \quad n = 1, 2, 3, \ldots$$

Secant 방법을 이용하여 오차가 10^{-6}보다 작은 다음 방정식의 수치해를 구해 보자.

$$f(x) = x^5 + 3x - 1 = 0$$

secant.m은 Secant 방법을 이용하여 방정식의 수치해를 계산하는 MATLAB 코드이다.

```
%%%%%%%%%%%%%%%%%%%%%%%%%%%%%%%%%%%% secant.m %%%%%%%%%%%%%%%%%%%%%%%%%%%%
clear; clc;
f='x^5+3*x-1';
n=0; x0=0; x1=1; tol=10^(-6);
fprintf(' n      x_(n+1)         f(x_(n+1))       x_(n+1)-x_n \n')
while abs(x1-x0)>=tol
 n=n+1; x=x0; y0=eval(f); x=x1; y1=eval(f);
 x2=x1-(y1*(x1-x0)/(y1-y0));
 x=x2; y=eval(f);
 fprintf('%2.0f   %5.4e   %5.4e   %5.4e \n',n,x2,y,x2-x1)
 x0=x1; x1=x2;
end
```

secant.m을 실행하면 다음과 같은 결과를 얻을 수 있다.

```
 n      x_(n+1)         f(x_(n+1))       x_(n+1)-x_n
```

```
1   2.5000e-001   -2.4902e-001   -7.5000e-001
2   3.0748e-001   -7.4799e-002    5.7484e-002
3   3.3216e-001    5.3412e-004    2.4679e-002
4   3.3199e-001   -1.4581e-006   -1.7498e-004
5   3.3199e-001   -3.0434e-011    4.7639e-007
```

제 4 절 비선형 시스템의 수치해

다변수 함수로 이루어진 비선형 시스템의 해를 구하기 위해, 비선형 시스템을 선형화된 방정식들의 시스템으로 근사하여 해결하는 방법인 뉴턴 방법과 Steepest descent 방법에 대하여 살펴보자. Steepest descent 방법은 초기 근사치가 정확할 필요가 없으므로 뉴턴 방법의 적절한 초기 근사치를 찾기 위한 방법으로 활용될 수 있다. 3차원 시스템을 고려할 것이며, 먼저 이 절에서 사용할 몇 가지 다변수 비선형 시스템과 그 성질들을 정의하자. $\mathbb{R}^3 \to \mathbb{R}$ 시스템이 다음과 같이 주어져 있다고 하자.

$$\begin{aligned} f_1(x,y,z) &= 0, \\ f_2(x,y,z) &= 0, \\ f_3(x,y,z) &= 0, \end{aligned}$$

여기서 $f_i,\ i = 1,2,3$은 벡터 $p = (x,y,z)^t$에서 실수로의 함수로 생각할 수 있다. 3개의 비선형 방정식 시스템을 $\mathbf{F} : \mathbb{R}^3 \to \mathbb{R}^3$라는 새로운 하나의 함수로 정의할 수 있는데, $\mathbf{F} = (f_1(p), f_2(p), f_3(p))^t$로 정의한다. 그리고 $f_i,\ i = 1,2,3$는 $\mathbf{F}$의 좌표함수라 부른다. f_1을 점 $p_0 = (x_0, y_0, z_0)$에서 테일러 2차 전개하면,

$$\begin{aligned} f_1(p) &= f_1(p_0) + \frac{\partial f_1(p_0)}{\partial x}(x-x_0) + \frac{\partial f_1(p_0)}{\partial y}(y-y_0) + \frac{\partial f_1(p_0)}{\partial z}(z-z_0) \\ &+ \frac{1}{2}\frac{\partial^2 f_1(\xi)}{\partial x^2}(x-x_0)^2 + \frac{1}{2}\frac{\partial^2 f_1(\xi)}{\partial y^2}(y-y_0)^2 + \frac{1}{2}\frac{\partial^2 f_1(\xi)}{\partial z^2}(z-z_0)^2 \\ &+ \frac{\partial^2 f_1(\xi)}{\partial x \partial y}(x-x_0)(y-y_0) + \frac{\partial^2 f_1(\xi)}{\partial y \partial z}(y-y_0)(z-z_0) + \frac{\partial^2 f_1(\xi)}{\partial z \partial x}(z-z_0)(x-x_0), \end{aligned}$$

여기서 $\xi = (\xi_1, \xi_2, \xi_3) = p_0 + t(p - p_0)$, $0 \le t \le 1$ 이다. 이와 같은 방법으로 f_2와

f_3를 전개할 수 있다. 1차 미분까지의 항만을 고려하면,

$$
\begin{aligned}
0 = f_1(p) \approx f_1(p_0) + \frac{\partial f_1(p_0)}{\partial x}(x-x_0) + \frac{\partial f_1(p_0)}{\partial y}(y-y_0) + \frac{\partial f_1(p_0)}{\partial z}(z-z_0),\\
0 = f_2(p) \approx f_1(p_0) + \frac{\partial f_2(p_0)}{\partial x}(x-x_0) + \frac{\partial f_2(p_0)}{\partial y}(y-y_0) + \frac{\partial f_2(p_0)}{\partial z}(z-z_0),\\
0 = f_3(p) \approx f_1(p_0) + \frac{\partial f_3(p_0)}{\partial x}(x-x_0) + \frac{\partial f_3(p_0)}{\partial y}(y-y_0) + \frac{\partial f_3(p_0)}{\partial z}(z-z_0).
\end{aligned}
$$

위의 시스템을 행렬 꼴로 바꾸면, 다음과 같다.

$$
\begin{pmatrix} 0 \\ 0 \\ 0 \end{pmatrix} = \mathbf{F}(p_0) + \mathbf{J}(p - p_0), \tag{4.2}
$$

여기서 자코비안 행렬 $\mathbf{J}$를

$$
\mathbf{J} = \begin{pmatrix}
\frac{\partial f_1(p_0)}{\partial x} & \frac{\partial f_1(p_0)}{\partial y} & \frac{\partial f_1(p_0)}{\partial z} \\
\frac{\partial f_2(p_0)}{\partial x} & \frac{\partial f_2(p_0)}{\partial y} & \frac{\partial f_2(p_0)}{\partial z} \\
\frac{\partial f_3(p_0)}{\partial x} & \frac{\partial f_3(p_0)}{\partial y} & \frac{\partial f_3(p_0)}{\partial z}
\end{pmatrix}
$$

로 정의한다.

4.1 뉴턴 방법

이 절에서는 다변수 함수의 비선형 시스템을 뉴턴 방법으로 풀어보자. $\mathbb{R}^3 \to \mathbb{R}^3$ 시스템에서 초기 추측해 $p_0 = (x_0, y_0, z_0)$에 대해 해를 $p_1 = (x_1,\ y_1,\ z_1)$이라 하면 뉴턴 방법은 다음과 같이 나타낸다.

$$
p_1 = p_0 - \mathbf{J}^{-1}\mathbf{F}(p_0). \tag{4.3}
$$

따라서 일반적으로 $k = 0, 1, 3, \cdots$, 에 대해서 다음과 같이 나타낼 수 있다:

$$
p_{k+1} = p_k - \mathbf{J}^{-1}\mathbf{F}(p_k). \tag{4.4}
$$

뉴턴 방법을 이용한 간단한 예제를 풀어보자.

예제

다음의 주어진 연립방정식을 뉴턴 방법으로 x, y, z의 근사해를 구해보자. 초기 조건은 $x_0 = 0.5$, $y_0 = 0.5$, $z_0 = 0.5$으로 가정한다.

$$x^2 - \sin(y) + 0.5\cos(z) = 0.5,$$
$$3x - \cos(y) + \sin(z) = 0,$$
$$x^2 + y^2 + z^2 = 0.95.$$

위 문제의 MATLAB 코드는 newtonsys.m로 다음과 같다.

```
%%%%%%%%%%%%%%%%%%%%%%%%%%%%%%%%%%%%%%%%%%%%%%%%%%%%%%%%%%%%%%%% newtonsys.m %%%%%%%%%%%%%%%%%%%%%%%%%%%%%%%%%%%%%%%%%%%%%%%%%%%%%%%%%%
clear; clc; x=[0.5; 0.5; 0.5]; count=0;
err=max(abs(f_func(x))); tol=1e-10;
fprintf('--------------------\n');
fprintf('count       absolute\n');
fprintf('--------------------\n');
while err>tol
    count=count+1;
x1=x-inv(j_func(x))*f_func(x);
x=x1;
err(count)=max(abs(f_func(x)));
fprintf('%d          %f \n',count, max(abs(f_func(x))))
end
fprintf('--------------------\n');
```

```
function F=f_func(x)
f1=inline('x(1)^2-sin(x(2))+0.5*cos(x(3))-0.5','x');
```

```
f2=inline('3*x(1)-cos(x(2))+sin(x(3))', 'x');
f3=inline('x(1)^2+x(2)^2+x(3)^2-0.95','x');
F=[f1(x);f2(x);f3(x)];
```

```
function J=j_func(x)

J = [2*x(1) -cos(x(2)) -0.5*sin(x(3));
    3 sin(x(2)) cos(x(3));
    2*x(1) 2*x(2) 2*x(3)];
```

이를 실행해 보면 다음의 결과를 얻을 수 있고, 수렴함을 확인할 수 있다.

```
--------------------
count       absolute
--------------------
1          24.222129
2          12.526269
3           7.603218
4           2.045713
5           0.386509
6           0.029900
7           0.000287
8           0.000000
9           0.000000
--------------------
```

4.2 Steepest descent 방법

뉴턴 방법을 이용하여 비선형 방정식을 풀 때의 장점은 충분히 정확한 근사했을 때 빠르게 수렴한다는 것이다. 그러나 충분히 정확한 초기 근사가 필요한 반면, Steepest Descent 방법은 정확하지 않은 초기 근사치에 대해서도 해에 비교적 잘 수렴한다. 따라서, 이 방법을 사용하여 충분히 근사한 초기치를 구한 후 뉴턴 방법을 이용할 수도 있다. 그리고 비선형 시스템의 해를 구할 때 초기치를 정하는 문제에 사용된다.

Steepest descent 방법에 대해 구체적으로 살펴보면, 그래디언트를 이용하는 방법으로 여기서는 다변수 함수의 국소 최솟값을 결정하는 것에 이용할 것이다. 먼저 2차원의 함수를 고려해 보자. 연속함수 $f(x,y)$에 대해 방향도함수의 최댓값은 그래디언트 ∇ 방향이므로, 최대 감소 방향은 $-\nabla f(x,y)$라 할 수 있다. Steepest descent 방법을 이용하여 해를 찾을 때, 그래디언트는 항상 임의의 점에서 수직이 되므로 극솟값을 찾기 위해 그래디언트에 적당한 비례상수를 곱하여 방향을 결정하는 방법을 사용한다. 이때 상수 값이 너무 크면 발산할 수도 있고, 너무 작으면 수렴이 늦어지게 된다. 따라서 적절한 상수를 결정하고, 이를 줄여주는 방향으로 수렴을 구한다. 두 개의 해를 가지는 연립방정식

$$f_1(x,y) = 0,\ f_2(x,y) = 0$$

의 해를 구하는 문제를 생각해 보자. 최소함수 g가 $g(x,y) = \Sigma_{i=1}^{2}[f_i(x,y)]^2$라 할 때 최대 감소 방향은 $-\nabla g(x,y)$이고, 연립방정식이므로 자코비안 행렬을 이용하여 계산한다. 다음으로 감소 방향의 비례 상수를 α라 하면, α만큼 적절히 이동하여 새로운 값 $\mathbf{x}(1)$, 즉 $\mathbf{x}(1) = \mathbf{x}(0) - \alpha\nabla(\mathbf{x}(0))$을 찾을 수 있다. 이때, ∇ 방향은 크기를 1로 만든다. 다음으로 적절한 α 값을 적당히 추정하고, 초기 α값을 0과 1로 고른 후, 초기에 가정한 $\mathbf{x}(0)$를 대입한 g 함수값과 $\mathbf{x}(1)$을 대입한 새로운 g 함수값의 차이를 비교하여 α를 반씩 줄여가는 시행을 반복한다. Steepest descent 방법을 이용하여 연립방정식을 해결하는 간단한 예제를 풀어보자.

예제

다음의 주어진 연립방정식을 Steepest descent 방법을 이용하여 x, y의 근사해를 구해보자. 초기 조건은 $x_0 = 0,\ y_0 = 0$으로 가정하자.

$$3x - y = 4,\ x + y = 2.$$

위 문제의 MATLAB 코드는 steep2.m로 다음과 같다.

```
%%%%%%%%%%%%%%%%%%%%%%%%%% steep2.m %%%%%%%%%%%%%%%%%%%%%%%%%%%
clc; clear;
f1=inline('3*x(1)-x(2)-4','x');
f2=inline('x(1)+x(2)-2', 'x');
x=[0 0]; tol=1.0e-7; N=100; k=1; alpha = 1;
fprintf('----------------------------------------------------\n');
fprintf('count    resid      alpha        x          y \n');
fprintf('----------------------------------------------------\n');
while (k<=N)
    g1=f1(x)^2+f2(x)^2;
    J = [3 -1; 1 1];
    z=2*J'*[f1(x);f2(x)];
    z0=sqrt(z(1)^2+z(2)^2);
    if(z0==0)
        break;
    end
    z=z/z0;
    alpha1=0;
    alpha2=1;
    g2=f1(x-alpha2*z')^2+f2(x-alpha2*z')^2;
    while (g2>=g1)
        alpha2=alpha2/2;
         g2=f1(x-alpha2*z')^2+f2(x-alpha2*z')^2;
    if (alpha2<tol/2)
        break;
    end
    end
    g=min(g1, g2);
    if(g==g1)
```

```
        alpha=alpha1;
    else
        alpha=alpha2;
    end
    x=x-alpha*z';
    gg = max(abs(g1),abs(g2));
   resid=abs(g-gg);
   fprintf('  %2d   %f   %f   %f   %f \n',k, resid,alpha,
x(1),x(2));
    if (resid<tol)
        break;
    end
    k=k+1;
end
fprintf('----------------------------------------------------\n');
```

이를 실행해 보면 다음의 결과를 얻을 수 있고, 해에 가까이 가는 것을 확인할 수 있다.

```
----------------------------------------------------
count    resid       alpha        x          y
----------------------------------------------------
   1   17.884271   1.000000   0.989949   -0.141421
   2   1.404620   0.500000   1.488770   -0.107091
   3   0.331470   0.250000   1.319048   0.076469
   4   0.115706   0.250000   1.542289   0.189000
   5   0.046569   0.250000   1.335194   0.329043
   6   0.030499   0.250000   1.585183   0.331397
   7   0.008219   0.250000   1.355256   0.429548
   8   0.010794   0.250000   1.603655   0.401299
   9   0.162039   0.125000   1.484880   0.440255
```

```
10    0.005454    0.062500    1.505803    0.499149
11    0.000317    0.007813    1.498178    0.500848
12    0.000001    0.003906    1.501951    0.499836
13    0.000039    0.001953    1.500041    0.500243
14    0.000000    0.000244    1.500088    0.500004
-----------------------------------------------------
```

이제 3개의 해를 가지는 연립방정식으로 확장해보자. $\mathbb{R}^3 \to \mathbb{R}$이

$$f_1(x, y, z) = 0,\ f_2(x, y, z) = 0,\ f_3(x, y, z) = 0$$

이고, 최소함수 g가 $g(x, y, z) = \Sigma_{i=1}^{3}[f_i(x, y, z)]^2$라 할 때, 해 $\mathbf{x} = (x, y, z)^t$를 찾는다. 위의 방법과 마찬가지로 3개의 해를 가지는 연립방정식에서 해를 구하는 방법을 정리하면,

1) 초기 근사치 $\mathbf{x}(0) = (x_0, y_0, z_0)^t$에서 최소함수 g를 계산한다.
2) $\mathbf{x}(0)$에서 g의 값을 감소하게 하는 방향을 결정한다.
3) 적절히 이동하고, 새로운 값 $\mathbf{x}(1)$을 찾는다.

이러한 시행을 반복시행한다. 어떤 $\alpha > 0$에 대해 $\mathbf{x}(1) = \mathbf{x}(0) - \alpha\nabla g(\mathbf{x}(0))$ 라 하자. 이제 적절한 α 값을 찾는 문제로 바뀐다.

$$h(\alpha) = g(\mathbf{x}(0) - \alpha\nabla g(\mathbf{x}(0))),$$

라는 함수를 고려하자. 이때 α는 h를 최소화하는 값이다. h의 최솟값은 h를 미분하여 최솟값을 구하는 방법으로 찾을 수 있으나 많은 계산을 필요로 하므로, $\alpha_1 < \alpha_2 < \alpha_3$인 세 수를 골라서 $h(\alpha)$의 최솟값을 구하고자 한다. 이를 위해 α_1과 α_3를 정하는데, 편의를 위해 $\alpha_1 = 0$으로 고른다. 다음으로 $h(\alpha_3) < h(\alpha_1)$인 α_3을 찾은 후, $\alpha_2 = \alpha_3/2$라 한다. 여기서 $\mathbf{x}(1) = \mathbf{x}(0) - \alpha\nabla g(\mathbf{x}(0))$로 둔다. 초기에 가정한 $\mathbf{x}(0)$를 대입한 함수값g와 $\mathbf{x}(1)$를 대입한 새로운 함수값g의 차이를 비교하면서 α_2를 반씩 줄이는 시행을 반복하여 $[\alpha_1, \alpha_3]$에서 h의 최솟값을 찾을 수 있다. 다음으로 Steepest descent 방법을 이용한 간단한 예제를 풀어보자.

예제

다음의 주어진 연립방정식을 Steepest descent 방법을 이용하여 x, y, z의 근사해를 구해보자. 초기 조건은 $x_0 = 0.5$, $y_0 = 0.5$, $z_0 = 0.5$으로 가정하자.

$$x^2 - \sin(y) + 0.5\cos(z) = 0.5,$$
$$3x - \cos(y) + \sin(z) = 0,$$
$$x^2 + y^2 + z^2 = 0.95.$$

위 문제의 MATLAB 코드는 steep3.m로 다음과 같다.

```
%%%%%%%%%%%%%%%%%%%%%%%%%%%% steep3.m %%%%%%%%%%%%%%%%%%%%%%%%%%%%
clc; clear;
f1=inline('x(1)^2-sin(x(2))+0.5*cos(x(3))-0.5','x');
f2=inline('3*x(1)-cos(x(2))+sin(x(3))', 'x');
f3=inline('x(1)^2+x(2)^2+x(3)^2-0.95','x');
x=[0.5 0.5 0.5]; tol=1.0e-10; N=100; k=1;
fprintf('--------------------------------------------\n');
fprintf('count  resid       x         y       z    \n');
fprintf('--------------------------------------------\n');
while (k<=N)
    g1=g_func(x);
    z=2*j_func(x)'*f_func(x);
    z0=sqrt(z(1)^2+z(2)^2+z(3)^2);
    if(z0==0)
        break;
    end
    z=z/z0;
```

```
    alpha1=0;
    alpha3=1;
    g3=g_func(x-alpha3*z');
    while (g3>=g1)
        alpha3=alpha3/2;
        g3=g_func(x-alpha3*z');
    if (alpha3<tol/2)
        break;
    end
    end
    alpha2=alpha3/2;
    g2=g_func(x-alpha2*z');
    g=min(g2, g3);
    if(g==g2)
        alpha=alpha2;
    else
        alpha=alpha3;
    end
    x=x-alpha*z';
    gg = max(abs(g1),abs(g2));
   resid=abs(g-gg);
   fprintf(' %2d  %f  %f  %f  %f \n',k, resid, x(1),x(2),x(3));
    if(resid<tol)
        break;
    end
    k=k+1;
end
fprintf('--------------------------------------------\n');
```

```
function F=f_func(x)
f1=inline('x(1)^2-sin(x(2))+0.5*cos(x(3))-0.5','x');
f2=inline('3*x(1)-cos(x(2))+sin(x(3))', 'x');
f3=inline('x(1)^2+x(2)^2+x(3)^2-0.95','x');
F=[f1(x);f2(x);f3(x)];
```

```
function g=g_func(x)
f1=inline('x(1)^2-sin(x(2))+0.5*cos(x(3))-0.5','x');
f2=inline('3*x(1)-cos(x(2))+sin(x(3))', 'x');
f3=inline('x(1)^2+x(2)^2+x(3)^2-0.95','x');
g=f1(x)^2+f2(x)^2+f3(x)^2;
```

```
function J=j_func(x)

J = [2*x(1) -cos(x(2)) -0.5*sin(x(3));
    3 sin(x(2)) cos(x(3));
    2*x(1) 2*x(2) 2*x(3)];
```

이를 실행해 보면 다음의 결과를 얻을 수 있고, 해에 가까이 가는 것을 확인할 수 있다.

```
--------------------------------------------
count  resid       x         y         z
--------------------------------------------
  1  0.830694  0.264953  0.451293  0.430141
  2  0.030622  0.203444  0.442816  0.437284
  3  0.045506  0.202415  0.449717  0.562089
  4  0.032611  0.147967  0.423752  0.578446
  5  0.088482  0.168043  0.333255  0.810626
  6  0.079948  0.064246  0.265928  0.792788
```

```
  7  0.048462  0.135602  0.199164  0.870737
  8  0.045364  0.085886  0.161410  0.867693
  9  0.110783  0.073254  -0.062756  0.977648
 10  0.009241  0.055402  -0.082549  0.961336
 11  0.009425  0.076436  -0.140974  0.954241
 12  0.003298  0.062153  -0.146564  0.951258
 13  0.002691  0.051084  -0.175626  0.954333
 14  0.000556  0.057300  -0.180294  0.955109
 15  0.000498  0.052380  -0.194185  0.949914
 16  0.000191  0.055618  -0.195888  0.951282
 17  0.000109  0.056389  -0.203582  0.952397
 18  0.000029  0.054730  -0.203957  0.951436
 19  0.000007  0.055273  -0.204752  0.951273
 20  0.000004  0.054752  -0.205480  0.950884
 21  0.000002  0.055083  -0.205832  0.950956
 22  0.000003  0.054779  -0.206733  0.950735
 23  0.000001  0.054963  -0.206883  0.950789
 24  0.000001  0.054846  -0.207845  0.950666
 25  0.000000  0.054904  -0.207860  0.950680
 26  0.000000  0.054891  -0.207863  0.950673
 27  0.000000  0.054886  -0.207891  0.950661
 28  0.000000  0.054891  -0.207895  0.950664
 29  0.000000  0.054888  -0.207897  0.950664
 30  0.000000  0.054889  -0.207900  0.950665
-------------------------------------------
```

5장

수치적 미분

함수 $f(x)$의 점 x에서의 미분값을 수치적으로 계산하기 위해서 $f(x)$의 도함수의 정의

$$f'(x) = \lim_{h\to 0} \frac{f(x+h) - f(x)}{h} \tag{5.1}$$

를 생각하자. 직관적으로 작은 h에 대하여

$$f'(x) \approx \frac{f(x+h) - f(x)}{h} := D_h f(x) \tag{5.2}$$

라고 수치적 미분 $D_h f(x)$를 정의하여 사용할 수 있다. 이 식은 매우 명료하지만 수치적 미분값과 실제 미분값 사이에 필연적으로 오차가 생길 수 밖에 없다. 이제부터 단계 크기 h에 대한 $f(x)$의 수치적 미분 $D_h f(x)$에 대해서 알아보도록 하자. 먼저 테일러 정리를 사용해서 오차 공식을 찾을 수 있다. 함수 $f(x)$가 두 번 미분 가능한 함수라고 가정하고 x를 기준으로 $f(x+h)$에서 테일러 급수를 전개하면, x와 $x+h$사이에서 어떤 수 ξ가 존재하여

$$f(x+h) = f(x) + hf'(x) + \frac{h^2}{2} f''(\xi)$$

를 얻는다. 이 식을 정리하면

$$f'(x) = \frac{f(x+h) - f(x)}{h} - \frac{h}{2} f''(\xi) = D_h f(x) - \frac{h}{2} f''(\xi) \tag{5.3}$$

이 된다. 또한,

$$\left|f'(x) - D_h f(x)\right| = \left|-\frac{h}{2}f''(\xi)\right|$$

를 절단오차(truncation error)라 한다. 이때 위 식은 1차의 정확도를 갖는다고 한다. 이와 같은 수치적 미분 $D_h f(x)$를 전방차분법(forward difference method)이라 한다. 구간 (a,b)에서 $|f''(x)|$가 M에 유계되어 있으면, 충분히 작은 h에 대해서 수치적 미분 $D_h f(x)$를 이용해서 $Mh/2$의 오차범위를 가지는 $f'(x)$를 구할 수 있다. 한편, 식 (5.3)에서 h를 $-h$로 바꾸면 다음과 같은 결과를 얻을 수 있다.

$$f'(x) = \frac{f(x) - f(x-h)}{h} + \frac{h}{2}f''(\xi) \tag{5.4}$$

그러면 유사한 방법으로 수치적 미분을

$$D_h f(x) = \frac{f(x) - f(x-h)}{h}$$

로 정의하여 사용할 수 있다. 그리고 이 공식을 후방차분법(backward difference method)이라 한다. 동시에 식 (5.4)를 유도하는 과정에서 절단오차가

$$\left|f'(x) - \frac{f(x) - f(x-h)}{h}\right| = \left|\frac{h}{2}f''(\xi)\right|$$

임을 볼 수 있다. 여기서 ξ는 $x-h$와 x 사이의 어떤 수이다. 전방차분법과 후방차분법의 절단오차에서의 h의 차수가 같다. 따라서 후방차분법과 전방차분법의 정확도는 같다고 할 수 있다.

더 정확한 공식을 얻기 위하여 다른 방법에 대해서 생각해보자. 먼저 함수 $f(x)$가 세 번 미분 가능한 함수라 가정하고, x를 기준으로 $f(x+h)$와 $f(x-h)$에서 테일러 급수를 전개하면 아래와 같은 방정식을 얻는다.

$$f(x+h) = f(x) + hf'(x) + \frac{h^2}{2}f''(x) + \frac{h^3}{6}f^{(3)}(x) + O(h^4), \tag{5.5}$$

$$f(x-h) = f(x) - hf'(x) + \frac{h^2}{2}f''(x) - \frac{h^3}{6}f^{(3)}(x) + O(h^4). \tag{5.6}$$

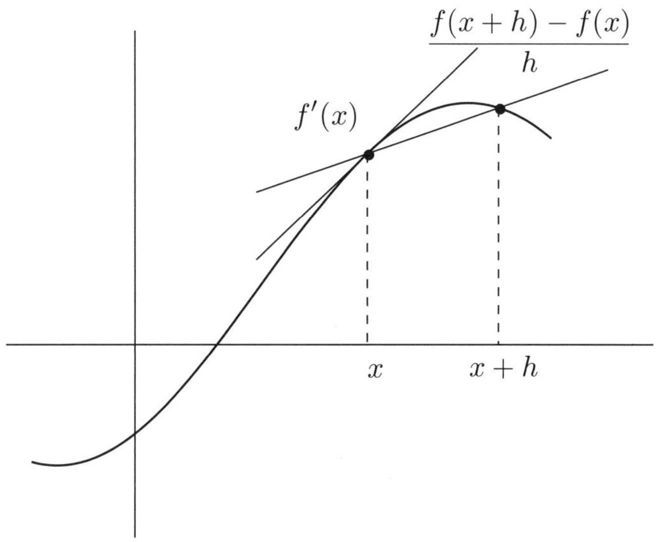

그림 5.1:

그리고 식 (5.5)에서 (5.6)을 빼면,

$$f(x+h) - f(x-h) = 2hf'(x) + \frac{h^3}{3} f^{(3)}(x) + O(h^4) \tag{5.7}$$

를 구할 수 있다. 이 식을 정리하면

$$f'(x) = \frac{f(x+h) - f(x-h)}{2h} - \frac{h^2}{6} f^{(3)}(\xi) \tag{5.8}$$

를 얻는다. 여기서 ξ는 $x-h$와 $x+h$ 사이의 어떤 수이다. 이제 수치적 미분을 아래와 같이 정의할 수 있다.

$$D_h f(x) := \frac{f(x+h) - f(x-h)}{2h}$$

이와 같은 수치적 미분을 중앙차분법(central difference method)이라고 한다. 또한 절단오차는

$$\left|f'(x) - D_h f(x)\right| = \left|\frac{h^2}{6} f^{(3)}(\xi)\right|$$

를 얻게 된다. 전방차분법과 후방차분법에서 절단오차의 h 차수가 1차인데 반해서 중앙차분법에서 절단오차의 h의 차수가 2차이기 때문에, 더 정확한 미분값을 구할 수 있다. 이때 중앙차분법은 2차의 정확도를 갖는다.
위 공식들의 유도과정을 이용해서 위 과정에서 사용한 점이 아닌 다른 점을 택하여 수치적 미분의 값을 계산할 수도 있다. 예를 들어,

$$D_h f(x) = Af(x+2h) + Bf(x+h) + Cf(x) \tag{5.9}$$

의 형식을 생각할 수도 있고, 더 많은 계산점을 사용하여

$$\begin{aligned} D_h f(x) &= Af(x+3h) + Bf(x+2h) + Cf(x+h) + Df(x) \\ D_h f(x) &= Af(x+2h) + Bf(x+h) + Cf(x) + Df(x-h) \end{aligned}$$

처럼 다양한 형식을 이용할 수 있다. 일반적으로 더 많은 점을 이용할수록 절단오차의 차수를 높일 수 있다. 여기서는 미정계수법을 이용하여 첫 번째 예의 유도과정을 살펴보도록 한다. 나머지 경우도 같은 유도 과정을 이용하여 계산 가능하다.
먼저 함수 $f(x)$가 세 번 미분 가능한 함수라 가정하고, x를 기준으로 $f(x+2h)$와 $f(x+h)$에서 테일러 급수를 전개하면 아래와 같은 방정식을 얻는다.

$$\begin{aligned} f(x+2h) &= f(x) + 2hf'(x) + \frac{(2h)^2}{2} f''(x) + \frac{(2h)^3}{6} f^{(3)}(x) + O(h^4) \\ f(x+h) &= f(x) + hf'(x) + \frac{h^2}{2} f''(x) + \frac{h^3}{6} f^{(3)}(x) + O(h^4) \end{aligned}$$

이렇게 얻어진 테일러 급수를 식 (5.9)에 대입한 다음에 h의 공통 지수항을 모으면,

$$\begin{aligned} D_h f(x) = (A+B+C)f(x) &+ h(2A+B)f'(x) + \frac{h^2}{2}(4A+B)f''(x) \\ &+ \frac{h^3}{6}(8A+B)f^{(3)}(x) + O(h^4) \end{aligned} \tag{5.10}$$

가 된다. 함수 $f(x)$에 대해서

$$D_h f(x) \approx f'(x)$$

를 만족시키기 위하여 필요한 조건은

$$\begin{aligned} A+B+C &= 0 \\ h(2A+B) &= 1 \\ \frac{h^2}{2}(4A+B) &= 0 \end{aligned}$$

이다. 이 연립방정식의 해는

$$A=-\frac{1}{2h}, B=\frac{2}{h}, C=-\frac{3}{2h}$$

를 갖는다. 이 A, B, C를 식 (5.9)에 대입하면 공식

$$D_h f(x)=\frac{-f(x+2h)+4f(x+h)-3f(x)}{2h} \tag{5.11}$$

이 완성된다. 식 (5.10)을 이용하여 절단오차를 다음과 같이 얻을 수 있다.

$$\left|f'(x)-D_h f(x)\right|=\left|\frac{h^2}{3}f^{(3)}(\xi)\right|$$

여기서 ξ는 x와 $x+2h$ 사이의 어떤 수이다. 이 식은 1차 도함수 $f'(x)$에 대한 3점 전방차분법이라 한다. 그리고 2차의 정확도를 갖는다. 식 (5.11)에서 h를 $-h$로 바꾸면 다음과 같은 결과를 얻을 수 있다.

$$D_h f(x)=\frac{3f(x)-4f(x-h)+f(x-2h)}{2h}$$

이 공식을 3점 후방차분법이라고 한다. 또한 절단오차가

$$\left|f'(x)-D_h f(x)\right|=\left|\frac{h^2}{3}f^{(3)}(\xi)\right|$$

임을 알 수 있다. 여기서 ξ는 $x-2h$와 x사이의 어떤 수이다. 3점 전방차분법과 후방차분법은 중앙차분법과 같은 차수의 정확도를 갖는다. 하지만 주어진 구간 $[a,b]$이 있다고 하면 왼쪽 끝 근방 $x=a$에서 중앙차분법을 구할 수 없는 경우가 생길 때, 구간 밖의 함수 $f(x)$의 정보를 필요로 하지 않는 전방차분법은 같은 정확도에서의 미분값을 수치적으로 계산하는 데 유용하다.

6장

수치적 적분

이 장에서는 함수 $f(x)$의 적분값을 계산하기 위하여 $f(x)$의 근사함수를 이용하는 방법에 대하여 알아본다. 선형 보간 다항식을 근사함수로 사용하여 수치적 적분값을 구하는 사다리꼴 적분방법과 이차 보간 다항식을 이용한 Simpson 적분방법에 대하여 알아본다.

제 1 절 사다리꼴 적분방법

정적분의 근사값을 구하기 위한 가장 간단한 방법 중의 하나는 선형 보간 다항식을 사용하는 것인데 이 방법을 사다리꼴 방법(trapezoidal rule)이라고 한다. 사다리꼴 방법은 피적분 함수 $f(x)$ 대신에 선형 보간 다항식 $p_1(x)$를 사용하여 구한 정적분 값을 사용하는 방법이다. 두 점 $(a, f(a))$와 $(b, f(b))$를 지나는 선형 보간 다항식 $p_1(x)$는

$$p_1(x) = \frac{(b-x)f(a) + (x-a)f(b)}{b-a}$$

이고, 이 선형 보간 다항식 $p_1(x)$를 구간 $[a, b]$에서 적분하면 다음과 같다.

$$\int_a^b p_1(x)\ dx = (b-a)\left(\frac{f(a)+f(b)}{2}\right)$$

따라서 사다리꼴 공식은 다음과 같다.

$$\int_a^b f(x)\ dx \doteq T_1(f) \equiv (b-a)\left(\frac{f(a)+f(b)}{2}\right) \tag{6.1}$$

일반적인 사다리꼴 적분방법에 대하여 알아보자. 함수 $f(x)$가 구간 $[a,b]$에서 연속이라고 하자. 적분구간 $[a,b]$를 n등분하여 각 소구간의 길이를

$$h = \frac{b-a}{n}$$

라 하면, 각 소구간의 끝점은 다음과 같다.

$$x_i = a + ih, \quad i = 0, 1, \ldots, n$$

구간 $[a,b]$에서 적분값은 각 소구간 $[x_i, x_{i+1}]$에서 적분값의 합이므로

$$\begin{aligned}\int_a^b f(x)\,dx &= \int_{x_0}^{x_n} f(x)\,dx \\ &= \int_{x_0}^{x_1} f(x)\,dx + \int_{x_1}^{x_2} f(x)\,dx + \cdots + \int_{x_{n-1}}^{x_n} f(x)\,dx\end{aligned}$$

이다. 각 소구간 $[x_i, x_{i+1}]$, $i = 0, 1, \ldots, n$에 사다리꼴 공식 (6.1)을 적용하면

$$\int_a^b f(x)\,dx \doteq \frac{h}{2}\sum_{i=1}^{n}[f(x_{i-1}) + f(x_i)]$$

이다. 따라서 n개의 소구간을 이용한 사다리꼴 적분공식은 다음과 같다.

$$T_n(f) \equiv \frac{h}{2}[f(x_0) + 2f(x_1) + \cdots + 2f(x_{n-1}) + f(x_n)] \tag{6.2}$$

사다리꼴 적분공식 (6.2)를 이용하여 수치적 적분값을 구할 때 소구간의 개수 n을 증가시킴에 따라 좀 더 정확한 근사 적분값을 구할 수 있다. 사다리꼴 적분방법을 이용하여 다음 정적분의 수치 적분값을 구해보자.

$$I = \int_0^1 e^x\,dx = e - 1.$$

`trape.m`은 사다리꼴 적분방법을 이용하여 정적분의 수치 적분값을 계산하는 MATLAB 코드이다.

```
%%%%%%%%%%%%%%%%%%%%%%%%% trape.m %%%%%%%%%%%%%%%%%%%%%%%%%%%%%
clear; clc; a=0; b=1; % end points of interval
f=inline('exp(x)','x');
n=[1 2 4 8 16 32 64 128 256 512 1024 2048];
% number of subintervals
error0=0;
fprintf('   n        numerical sum        error        ratio \n')
for iter=1:length(n)
 h=(b-a)/n(iter);
 T=0;
 for i=1:n(iter)
     T=T+f(a+(i-1)*h)+f(a+(i)*h);
 end
 T=(h/2)*T;
 error=abs(exp(1)-1-T);
 ratio=error0/error;
 if iter==1
 fprintf('%4.0f      %16.14f     %5.4e      \n',n(iter),T,error)
 else
 fprintf('%4.0f      %16.14f     %5.4e   %5.2f \n',n(iter), ...
     T,error,log(ratio)/log(2))
 end
 error0=error;
end
```

trape.m을 실행하면 다음과 같은 결과를 얻을 수 있다. 구간의 개수를 두 배로 증가하며 2차의 수렴성을 확인하였다.

```
   n        numerical sum        error        ratio
   1      1.85914091422952     1.4086e-001
   2      1.75393109246483     3.5649e-002    1.98
```

4	1.72722190455752	8.9401e-003	2.00
8	1.72051859216430	2.2368e-003	2.00
16	1.71884112857999	5.5930e-004	2.00
32	1.71842166031633	1.3983e-004	2.00
64	1.71831678685009	3.4958e-005	2.00
128	1.71829056808348	8.7396e-006	2.00
256	1.71828401336682	2.1849e-006	2.00
512	1.71828237468610	5.4623e-007	2.00
1024	1.71828196501581	1.3656e-007	2.00
2048	1.71828186259824	3.4139e-008	2.00

제 2 절 Simpson 적분방법

일반적으로 같은 정도의 계산횟수로 사다리꼴 방법보다 더 정확한 수치 적분값을 구하는 방법이 있다. 사다리꼴 방법에서는 피적분 함수 $f(x)$의 근사함수로 선형 보간 다항식을 사용하였다. 여기에서 소개되는 Simpson 방법은 선형 보간 다항식 대신 이차 보간 다항식을 사용하여 정적분의 수치 적분값을 구하는 방법이다.

세 점 a, $c = (a+b)/2$, b에서 $f(x)$의 보간 다항식을 $p_2(x)$라 하면, Lagrange 형태의 보간 다항식 $p_2(x)$는 다음과 같다.

$$p_2(x) = f(a)\frac{(x-b)(x-c)}{(a-b)(a-c)} + f(b)\frac{(x-a)(x-c)}{(b-a)(b-c)} + f(c)\frac{(x-a)(x-b)}{(c-a)(c-b)}$$

변수변환을 사용하여 다항식 $p_2(x)$를 구간 $[a, b]$에서 적분하면

$$\int_a^b p_2(x)\ dx = \frac{h}{3}[f(a) + 4f(c) + f(b)], \quad h = \frac{b-a}{2}$$

이다. 따라서 Simpson 적분공식은 다음과 같다.

$$\int_a^b f(x)\ dx \doteq S_2(f) \equiv \frac{h}{3}[f(a) + 4f(c) + f(b)] \tag{6.3}$$

다음은 일반적인 Simpson 적분공식을 유도해 보자. 짝수 n에 대하여 적분구간 $a \le x \le b$를 길이가 $h = (b-a)/n$인 소구간으로 n등분하고, 각 소구간의 끝

점을 $x_0(=a), x_1, \ldots, x_{n-1}, x_n(=b)$이라 하자. 구간 $[a,b]$에서 적분값은 각 소구간 $[x_i, x_{i+2}]$에서 적분값의 합이므로

$$\begin{aligned}\int_a^b f(x)\,dx &= \int_{x_0}^{x_n} f(x)\,dx \\ &= \int_{x_0}^{x_2} f(x)\,dx + \int_{x_2}^{x_4} f(x)\,dx + \cdots + \int_{x_{n-2}}^{x_n} f(x)\,dx\end{aligned}$$

이다. 각 소구간 $[x_i, x_{i+2}]$에 Simpson 공식 (6.3)을 적용하면 다음과 같다.

$$\frac{h}{3}[f(x_0)+4f(x_1)+f(x_2)] + \frac{h}{3}[f(x_2)+4f(x_3)+f(x_4)] + \cdots + \frac{h}{3}[f(x_{n-2})+4f(x_{n-1})+f(x_n)]$$

따라서 $y_i = f(x_i)$, $0 \le i \le n$라 놓으면 다음 Simpson 공식을 얻는다.

$$\begin{aligned}S_n(f) &\equiv \frac{h}{3}(y_0+4y_1+2y_2+4y_3+2y_4+\cdots+2y_{n-2}+4y_{n-1}+y_n) \\ &= \sum_{i=1}^{n/2}\frac{h}{3}(y_{2i-2}+4y_{2i-1}+y_{2i})\end{aligned}$$

Simpson 적분방법을 이용하여 다음 정적분의 수치 적분값을 구해보자.

$$I = \int_0^1 e^x\,dx = e-1.$$

`simpson.m`은 Simpson 적분방법을 이용하여 정적분의 수치 적분값을 계산하는 MATLAB 코드이다.

```
%%%%%%%%%%%%%%%%%%%%%%%%%%%% simpson.m %%%%%%%%%%%%%%%%%%%%%%%%%%%%
clear; clc; a=0; b=1; % end points of interval
f=inline('exp(x)','x');
n=[2 4 8 16 32 64 128 256 512];
% number of subintervals
error0=0;
fprintf('   n          numerical sum          error          ratio \n')
```

```
for iter=1:length(n)
 h=(b-a)/n(iter);
 S=0;
 for i=1:n(iter)/2
     S=S+f(a+2*(i-1)*h)+4.0*f(a+(2*i-1)*h)+f(a+2*i*h);
 end
 S=(h/3)*S;
 error=abs(exp(1)-1-S);
 ratio=error0/error;
 if iter==1
 fprintf('%4.0f      %16.14f     %5.4e      \n',n(iter),S,error)
 else
 fprintf('%4.0f      %16.14f     %5.4e   %5.2f \n',n(iter), ...
     S,error,log(ratio)/log(2))
 end
 error0=error;
end
```

simpson.m을 실행하면 다음과 같은 결과를 얻을 수 있다. 구간의 개수를 두 배로 증가하며 4차의 수렴성을 확인하였다.

n	numerical sum	error	ratio
2	1.71886115187659	5.7932e-004	
4	1.71831884192175	3.7013e-005	3.97
8	1.71828415469990	2.3262e-006	3.99
16	1.71828197405189	1.4559e-007	4.00
32	1.71828183756177	9.1027e-009	4.00
64	1.71828182902802	5.6897e-010	4.00
128	1.71828182849461	3.5560e-011	4.00
256	1.71828182846127	2.2233e-012	4.00
512	1.71828182845918	1.3789e-013	4.01

제 3 절 특이적분 (Improper integration)

적분의 상한(upper limit) 혹은 하한(lower limit)에서 특이점(singularity)이 존재하는 경우, 테일러 급수를 사용하여 특이적분(improper integration)의 근사치를 얻을 수 있다. Burden 과 Faires의 numerical analysis 책에 나오는 예제를 고려해 보자. 다음 함수를 살펴보자 (그림 6.1 참고).

$$\int_a^b \frac{1}{(x-a)^p} dx \tag{6.4}$$

위 적분은 $0 < p < 1$인 경우, 수렴하게 된다 (p-test이용).

$$\int_a^b \frac{1}{(x-a)^p} dx = \left[\frac{1}{1-p}(x-a)^{1-p} \right]_a^b = \frac{1}{1-p}(b-a)^{1-p}$$

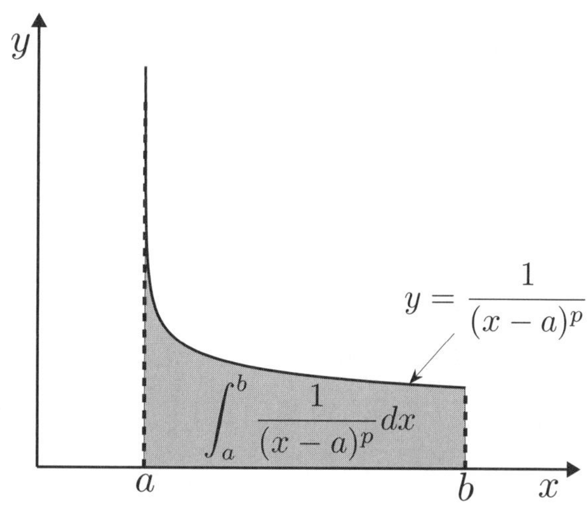

그림 6.1: 함수 $y = 1/(x-a)^p$의 $[a,\ b]$ 구간의 적분영역

$f(x) = \frac{g(x)}{(x-a)^p}$라 하고, $g(x) \in C^5[a,b]$라고 정의하자.[1] 이때 $g(x)$의 4차 테일

[1] $C^5[a,b]$는 구간 $[a,b]$에서 5번 미분가능하고, 5번 미분한 도함수가 연속인 함수를 뜻한다.

러 다항식은

$$\begin{aligned} P_4(x) &= g(a) + g'(a)(x-a) + \frac{g''(a)}{2!}(x-a)^2 + \frac{g^{(3)}(a)}{3!}(x-a)^3 + \frac{g^{(4)}(a)}{4!}(x-a)^4 \\ &= \sum_{k=0}^{4} \frac{g^{(k)}(a)}{k!}(x-a)^k \end{aligned}$$

로 정의된다. 이제 $\int_a^b \frac{g(x)}{(x-a)^p}dx$의 적분은 $P_4(x)$를 이용하여 다음과 같이 두 부분으로 나누어질 수 있다.

$$\int_a^b \frac{g(x)}{(x-a)^p}dx = \underbrace{\int_a^b \frac{g(x)-P_4(x)}{(x-a)^p}dx}_{(a)} + \underbrace{\int_a^b \frac{P_4(x)}{(x-a)^p}dx}_{(b)}. \tag{6.5}$$

위 식 (6.5)의 (b)부분을 먼저 정리해보자.

$$\begin{aligned} \int_a^b \frac{P_4(x)}{(x-a)^p}dx &= \sum_{k=0}^{4} \int_a^b \frac{g^{(k)}(a)}{k!}(x-a)^{k-p}dx \\ &= \sum_{k=0}^{4} \frac{g^{(k)}(a)}{k!(k-p+1)}(b-a)^{k-p+1}. \end{aligned} \tag{6.6}$$

식 (6.5)의 (a)부분은 $G(x)$라는 함수로 다음과 같이 근사하여 표현할 수 있다.

$$\int_a^b \frac{g(x)-P_4(x)}{(x-a)^p}dx \approx \int_a^b G(x)dx$$

여기서, $G(x)$는

$$G(x) = \begin{cases} \dfrac{g(x)-P_4(x)}{(x-a)^p} & a < x \le b \\ 0 & x = a. \end{cases}$$

를 나타낸다. 따라서 특이적분 $\int_a^b \frac{g(x)}{(x-a)^p}dx$은 다음과 같이 정리되어 진다.

$$\int_a^b \frac{1}{(x-a)^p}dx = \text{식 (6.6)} + \int_a^b G(x)dx$$

식 (6.6)은 쉽게 계산되어 질 수 있고, 남은 항 $\int_a^b G(x)dx$은 Simpson 방법과 같은 수치적 적분 방법에 의해 계산되어 질 수 있다.

예제

다음의 특이적분의 근사값을 구해보자.

$$\int_0^1 \frac{e^x}{\sqrt{x}}\,dx \tag{6.7}$$

(풀이) 먼저 위 식(6.7)을 테일러 함수 $P_4(x)$를 사용하여 나누어보자.

$$\int_0^1 \frac{e^x}{\sqrt{x}}\,dx = \underbrace{\int_0^1 \frac{e^x - P_4(x)}{\sqrt{x}}\,dx}_{(a)} + \underbrace{\int_0^1 \frac{P_4(x)}{\sqrt{x}}\,dx}_{(b)} \tag{6.8}$$

여기서 $P_4(x)$는 다음과 같다.

$$P_4(x) = 1 + x + \frac{x^2}{2} + \frac{x^3}{6} + \frac{x^4}{24}$$

그리고 식의 간편화를 위하여 함수 $G(x)$을 이용하여 다음을 정의하자.

$$G(x) = \begin{cases} \dfrac{e^x - P_4(x)}{\sqrt{x}} & 0 < x \le 1 \\ 0 & x = 0. \end{cases}$$

이제 식 (6.8)의 각 부분을 계산해보도록 하자.

(a) : 다음의 데이터를 사용하여 Simpson 방법으로 적분값을 구하자.

x	$G(x)$
0.00	0
0.25	0.0000170
0.50	0.0004013
0.75	0.0026026
1.00	0.0099485

$$\begin{aligned}\int_0^1 G(x)\,dx &\approx \frac{0.25}{3}\,[0+4(0.0000170)+2(0.0004013)+4(0.0026026)+(0.0099485)] \\ &= 0.0017691\end{aligned}$$

$$\begin{aligned}(b):\ \int_0^1 \frac{P_4(x)}{\sqrt{x}}\,dx &= \int_0^1 \left(x^{-\frac{1}{2}}+x^{\frac{1}{2}}+\frac{1}{2}x^{\frac{3}{2}}+\frac{1}{6}x^{\frac{5}{2}}+\frac{1}{24}x^{\frac{7}{2}}\right)\,dx \\ &= \left[2x^{\frac{1}{2}}+\frac{2}{3}x^{\frac{3}{2}}+\frac{1}{5}x^{\frac{5}{2}}+\frac{1}{21}x^{\frac{7}{2}}+\frac{1}{108}x^{\frac{9}{2}}\right]_0^1 \\ &= 2+\frac{2}{3}+\frac{1}{5}+\frac{1}{21}+\frac{1}{108} \\ &= 2.9235450.\end{aligned}$$

이제 앞서 구한 (a)와 (b)식의 값을 합하면

$$\int_0^1 \frac{e^x}{\sqrt{x}}\,dx \approx 0.0017691+2.9235450=2.9253141$$

이다.

7 장

미분방정식의 수치해법

이 장에서는 상미분 방정식 (ordinary differential equation)의 초기값 문제와 경계값 문제에 대해서 다루어 보자.

제 1 절 초기값 문제

이 절에서는 미분방정식의 수치해법 중 초기값을 이용한 방법 중 Euler, 향상된 Euler, 중간점 방법, Runge-Kutta 방법에 대해 알아보고, 이를 이용하여 연립방정식의 해를 찾아본다.

1.1 Euler 방법

Euler 방법은 다음과 같은 초기값 문제의 근사값를 찾는다.

$$y' = f(t, y), \quad y(t_0) = y_0.$$

방정식을 푸는 수치방법은 이산집합의 마디점

$$t_0 < t_1 < \cdots < t_N = T \tag{7.1}$$

에서 근사해 $y(t_i)$를 계산하는 것이다. 단순성을 위하여 등간격 마디를 사용한다.

$$t_n = t_0 + nh, \quad n = 1, 2, \cdots, N.$$

점들 사이의 거리는 $h = (T - t_0)/N$이며, 이를 단계크기(step size)라 한다. Taylor 정리를 사용하여 함수 $y(t)$를 t_i에서 테일러 일차 다항식까지 전개한 다음 t에 t_{i+1}를 대입하면 다음과 같다.

$$y(t_{i+1}) = y(t_i) + hy'(t_i) + \frac{h^2}{2}y''(\xi_i) \tag{7.2}$$

$$= y(t_i) + hf(t_i, y(t_i)) + \frac{h^2}{2}y''(\xi_i) \tag{7.3}$$

여기서 $t_i \le \xi_i \le t_{i+1}$이다. Euler 방법은 위 식에서 오차항($\frac{h^2}{2}y''(\xi_i)$)을 고려하지 않고, 각각의 $i = 0, 1, 2, \cdots, N-1$에 대해 $y(t_i)$ 에 대한 근사해를 구하는 방법이다.

$$y(t_{i+1}) = y(t_i) + hf(t_i, y(t_i)). \tag{7.4}$$

Euler 방법을 이용하여 단계크기 $h = 0.01$일 경우에 구간 $0 \le t \le 1$에서 다음과 같은 방정식의 정확한 해의 근사값을 구하자.

$$y' = 1 - 2t + 5y, \quad y(0) = 2.$$

위의 방정식은 일차 선형 방정식이고, 초기값에 대한 정확한 해는 다음과 같이 구할 수 있다.

$$y(t) = \frac{53}{25}e^{5t} + \frac{2}{5}t - \frac{3}{25}.$$

Eulerex.m은 Euler 방법을 이용하여 방정식의 수치해를 계산하는 MATLAB 코드이다.

```
%%%%%%%%%%%%%%%%%%%%%%%%%% Eulerex.m %%%%%%%%%%%%%%%%%%%%%%%%%%
clear; clc; clf;
h=0.01;     % time step size
t0=0; T=1;  t=[t0:h:T];  % time step
N=length(t);
y(1)=2;   % inital value
f=inline('1-2*ft+5*fy','ft','fy');
```

```
for i=1:N-1
    y(i+1) = y(i) + h * f(t(i),y(i));
end
exy = 53/25*exp(5*t)+2/5*t-3/25; % exact solution
plot(t,y,'ko',t,exy,'k');
xlabel('t'); ylabel('y')
legend('numerical solution','exact solution')
```

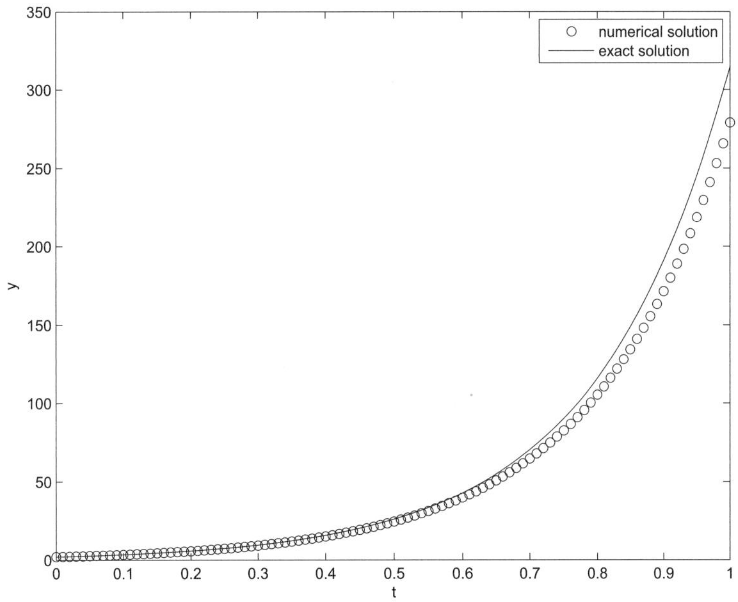

그림 7.1: Euler 방법을 이용하여 얻은 결과

1.2 2차 Runge-Kutta 방법 증명

2차 Runge-Kutta 방법의 간단한 증명을 살펴보자. 먼저 테일러 전개를 이용하면

$$y(t_{i+1}) = y(t_i) + hy'(t_i) + \frac{h^2}{2}y''(t_i) + O(h^3). \tag{7.5}$$

$y' = f(t, y)$ 이므로 이를 연쇄법칙을 사용하여 미분하고 다시 대입하면

$$y''(t_i) = f_t(t_i, y_i) + f_y(t_i, y_i)y'(t_i) = f_t(t_i, y_i) + f_y(t_i, y_i)f(t_i, y_i).$$

위의 결과를 식 (7.5)에 대입하면 다음과 같다.

$$y(t_{i+1}) = y(t_i) + hf(t_i, y_i) + \frac{h^2}{2} f_t(t_i, y_i) + \frac{h^2}{2} f_y(t_i, y_i) f(t_i, y_i) + O(h^3) \quad (7.6)$$

2차 Runge-Kutta의 기본 아이디어는 다음과 같은 선형 결합을 사용하는 것이다.

$$y(t_{i+1}) = y(t_i) + Ahf(t_i, y_i) + Bhf(t_i + Ph, y_i + Qhf(t_i, y_i)). \quad (7.7)$$

다음으로 다변수 테일러전개를 이용하면

$$\begin{aligned} & f(t_i + Ph, y_i + Qhf(t_i, y_i)) \\ &= f(t_i, y_i) + Phf_t(t_i, y_i) + Qhf(t_i, y_i) f_y(t_i, y_i) + O(h^2) \end{aligned} \quad (7.8)$$

이다. 이를 식 (7.7)에 대입하면

$$\begin{aligned} y(t_{i+1}) &= y(t_i) + (A+B)hf(t_i, y_i) + BPh^2 f_t(t_i, y_i) \\ &\quad + BQh^2 f_y(t_i, y_i) f(t_i, y_i) + O(h^3) \end{aligned} \quad (7.9)$$

와 같다. 식 (7.6)와 식 (7.9)의 계수를 비교하면 다음과 같다.

$$A + B = 1, \ BP = \frac{1}{2}, \ BQ = \frac{1}{2}$$

경우 1) $A = 1/2$ 일 때에는 $B = 1/2, \ P = 1, \ Q = 1$이고 식 (7.9)에 대입하여 정리하면 다음과 같다.

$$y(t_{i+1}) = y(t_i) + \frac{h}{2} [f(t_i, y(t_i)) + f(t_{i+1}, y(t_i) + hf(t_i, y(t_i))]$$

위 식을 수정된 Euler의 방법이라고 한다. 수정된 Euler 방법을 이용하여 단계크기 $h = 0.05$일 경우에 구간 $0 \le t \le 2$에서 식 (7.5)의 정확한 해의 근사값을 구하자. ModiEulerex.m은 수정된 Euler 방법을 이용하여 방정식의 수치해를 계산하는 MATLAB 코드이다.

```
%%%%%%%%%%%%%%%%%%%%%%%%%%%%%%% ModiEuler.m %%%%%%%%%%%%%%%%%%%%%
clear; clc; clf;
```

```
h=0.05;     % time step size
t0=0; T=1; t=[t0:h:T];  % time step
N=length(t);
y(1)=2;   % inital value
f=inline('1-2*ft+5*fy','ft','fy');
for i=1:N-1
 y(i+1)=y(i)+0.5*h*(f(t(i),y(i))+f(t(i+1),y(i)+h*f(t(i),y(i))));
end
exy = 53/25*exp(5*t)+2/5*t-3/25; % exact solution
plot(t,y,'ko',t,exy,'k');
xlabel('t'); ylabel('y')
legend('numerical solution','exact solution')
```

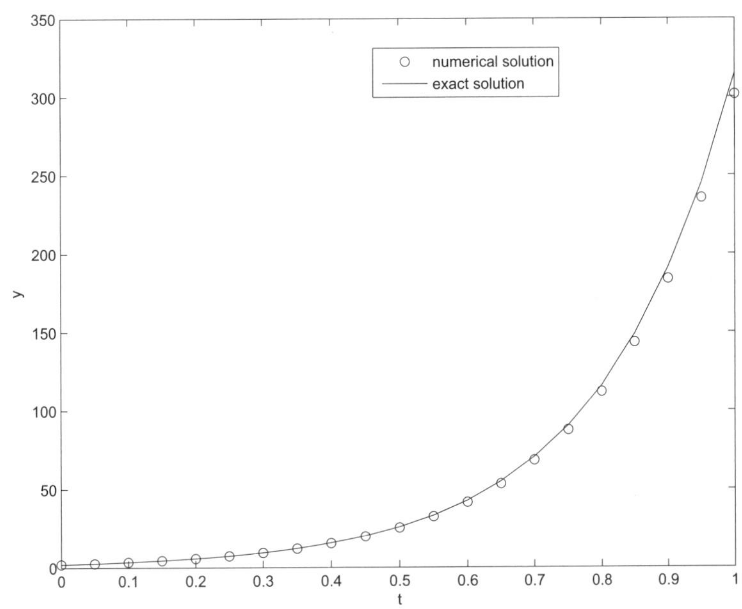

그림 7.2: 수정된 Euler 방법을 이용한 결과

경우 2) $A=0$ 일 때에는 $B=1$, $P=1/2$, $Q=1/2$이고 식 (7.9)에 대입하여 정리하면 다음과 같다. $y(t_{i+1})=y(t_i)+hf(t_i+\frac{1}{2}h, y_i+\frac{1}{2}hf(t_i,y_i))$ 이 식은 중간

점 방법으로도 알려져 있다. 중간점 방법을 이용하여 단계크기 $h = 0.05$일 경우에 구간 $0 \le t \le 1$에서 식 (7.5)의 정확한 해의 근사값을 구하자. Midpt.m은 중간점 방법을 이용하여 방정식의 수치해를 계산하는 MATLAB 코드이다.

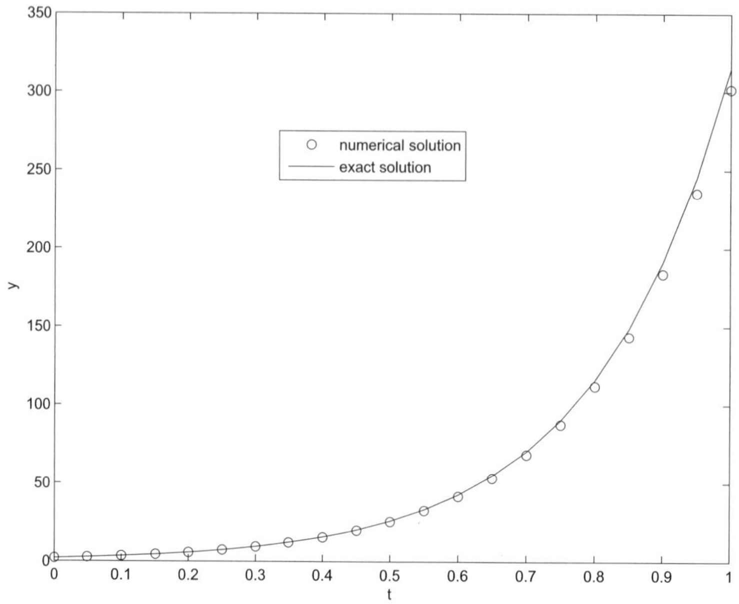

그림 7.3: 중간점 방법을 이용한 결과

```
%%%%%%%%%%%%%%%%%%%%%%%%%%%%% Midpt.m  %%%%%%%%%%%%%%%%%%%%%%%%%
clear; clc; clf;
h=0.05;    % time step size
t0=0; T=1; t=[t0:h:T];  % time step
N=length(t);
y(1)=2;   % inital value
f=inline('1-2*ft+5*fy','ft','fy');
for i=1:N-1
 y(i+1)=y(i)+h*f(t(i)+0.5*h,y(i)+0.5*h*f(t(i),y(i)));
end
exy = 53/25*exp(5*t)+2/5*t-3/25; % exact solution
```

```
plot(t,y,'ko',t,exy,'k');
xlabel('t'); ylabel('y')
legend('numerical solution','exact solution')
```

1.3 Runge-Kutta 방법

이 절에서는 Runge-Kutta 방법이라 하는 4차 Runge-Kutta (RK4) 방법을 살펴보고, 간단한 문제를 풀어보고자 한다. Runge-Kutta 방법은 테일러 방법을 개선한 방법으로 높은 차수의 오차 한계는 그대로 유지하면서 고차의 도함수를 구할 필요성을 없앤 방법이다. 각각의 $i = 0, 1, \cdots, N-1$ 에 대해서

$$
\begin{aligned}
k_1 &= hf(t_i, y_i) \\
k_2 &= hf\left(t_i + \frac{h}{2}, y_i + \frac{1}{2}k_1\right) \\
k_3 &= hf\left(t_i + \frac{h}{2}, y_i + \frac{1}{2}k_2\right) \\
k_4 &= hf(t_{i+1}, y_i + k_3) \\
y_{i+1} &= y_i + \frac{1}{6}(k_1 + 2k_2 + 2k_3 + k_4).
\end{aligned}
$$

Runge-Kutta 방법을 이용하여 단계크기 $h = 0.05$일 경우에 구간 $0 \le t \le 1$에서 식 (7.5)의 정확한 해의 근사값을 구하자. RK4.m은 RK4 방법을 이용하여 방정식의 수치해를 계산하는 MATLAB 코드이다.

```
%%%%%%%%%%%%%%%%%%%%%%%%%%% RK4.m %%%%%%%%%%%%%%%%%%%%%%%%%%%%
clear; clc; clf;
h=0.05;    % time step size
t0=0; T=1; t=[t0:h:T];  % time step
N=length(t);
y(1)=2;   % inital value
f=inline('1-2*ft+5*fy','ft','fy');
for i=1:N-1
```

```
    k1=f(t(i),y(i));
    k2=f(t(i) + 0.5*h,y(i) + 0.5*h*k1);
    k3=f(t(i) + 0.5*h,y(i) + 0.5*h*k2);
    k4=f(t(i) + h,y(i) + h*k3);
    y(i+1) = y(i) + h/6 * (k1+ 2*k2 + 2*k3 + k4);
end
exy = 53/25*exp(5*t)+2/5*t-3/25; % exact solution
plot(t,y,'ko',t,exy,'k');
xlabel('t'); ylabel('y')
legend('numerical solution','exact solution')
```

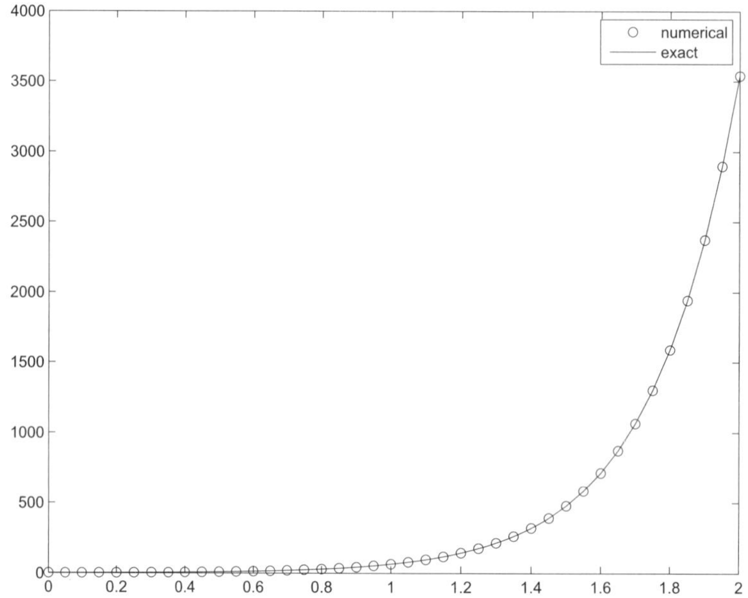

그림 7.4: Runge-Kutta 방법을 사용한 결과

그림 7.5는 Euler, 수정된 Euler, 중간점, RK4 방법을 비교한 그림이다.

1.4 연립 일차 미분방정식

이 절에서는 일차 미분방정식으로 연립되어 있는 초기값 문제의 근사해를 구하기

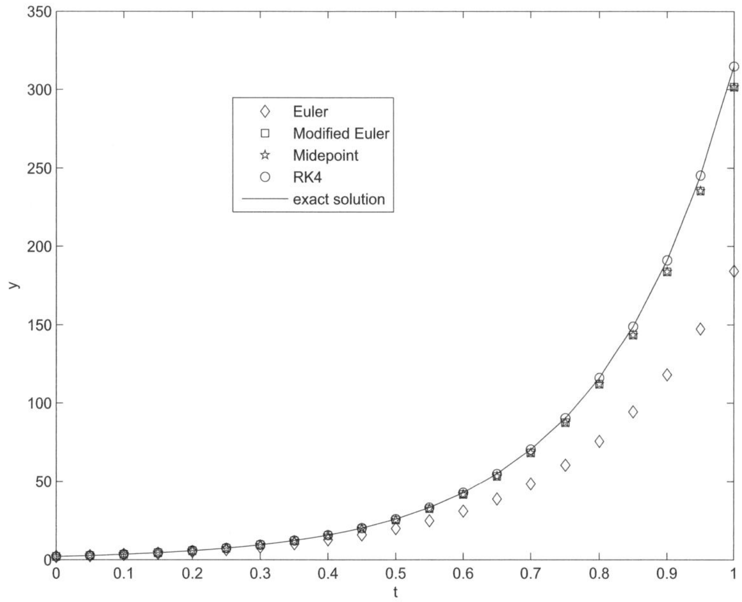

그림 7.5: Euler, 수정된 Euler, 중간점, RK4 방법을 비교

위한 수치적인 방법을 설명한다. 간편성을 위해서 다음과 같은 2개의 일차 미분 방정식과 초기 조건을 고려하자.

$$x' = f(t,x,y),\ y' = g(t,x,y)$$
$$x(t_0) = x_0,\ y(t_0) = y_0.$$

점 $t_n = t_0+nh,\ n = 1,2,\cdots,N$에서 방정식의 정확한 해 $x = \phi(t)$와 $y = \psi(t)$의 근사값 $x_1, x_2, \cdots, x_N$ 와 $y_1, y_2, \cdots, y_N$를 결정하고자 한다. 벡터 형태의 초기값 문제를 아래과 같이 표현할 수 있다.

$$\mathbf{x}' = \mathbf{f}(t,\mathbf{x}), \quad \mathbf{x}(t_0) = \mathbf{x}_0 = (x_0, y_0).$$

$\mathbf{x}$는 x 와 y를 성분으로 하는 벡터이고, $\mathbf{f}$는 f 와 g를 성분으로 갖는 기울기 벡터이다. 또한 $\mathbf{x_0}$는 x_0 와 y_0를 성분으로 하는 초기값 벡터이다. 여기서 $\mathbf{f}$는 x, y평면 위에서 해 $\mathbf{x} = (\phi(t), \psi(t))$의 그래프에 접하는 벡터이다. 예를 들어 Euler 방법은

$$\mathbf{x}_{n+1} = \mathbf{x}_n + h\mathbf{f}_n$$

와 같이 적용할 수 있고 성분 형태로는 다음과 같이 쓰인다.

$$\begin{pmatrix} x_{n+1} \\ y_{n+1} \end{pmatrix} = \begin{pmatrix} x_n \\ y_n \end{pmatrix} + h \begin{pmatrix} f(t_n, x_n, y_n) \\ g(t_n, x_n, y_n) \end{pmatrix}$$

초기 조건 $\mathbf{x}_0$는 기울기 벡터 $\mathbf{f}_0$를 결정하는데 사용된다. 그 다음 벡터 $\mathbf{x}_1$을 찾기 위해서 단계크기 h만큼 기울기 벡터 $\mathbf{f}_0$방향으로 이동한다. 그리고 새로운 기울기 벡터 $\mathbf{f}_1$를 계산하고, 그 방향을 따라 $\mathbf{x}_2$를 찾기 위해서 단계크기 h만큼 이동한다. Runge-Kutta 방법 또한 같은 방식으로 연립 미분방정식을 풀기 위해 확장할 수 있다. t_n으로부터 t_{n+1}로의 단계를 다음과 같이 표현한다.

$$\begin{aligned}
\mathbf{k}_1 &= h\mathbf{f}(t_n, \mathbf{x}_n) \\
\mathbf{k}_2 &= h\mathbf{f}\left(t_n + \frac{h}{2}, \mathbf{x}_n + \frac{1}{2}\mathbf{k}_1\right) \\
\mathbf{k}_3 &= h\mathbf{f}\left(t_n + \frac{h}{2}, \mathbf{x}_n + \frac{1}{2}\mathbf{k}_2\right) \\
\mathbf{k}_4 &= h\mathbf{f}(t_{n+1}, \mathbf{x}_n + \mathbf{k}_3) \\
\mathbf{x}_{n+1} &= \mathbf{x}_n + \frac{1}{6}(\mathbf{k}_1 + 2\mathbf{k}_2 + 2\mathbf{k}_3 + \mathbf{k}_4)
\end{aligned}$$

위와 같은 벡터 방정식은 벡터를 n개의 성분으로 해석하기만 하면, 다른 차원에서도 유효하다.

예제

x 와 y가 양수일 때, $0 \leq t \leq 30$에서 다음과 같은 Predator-Prey 방정식의 해를 구해보자.

$$\begin{aligned}
x' &= x(1 - 0.5y) = F(x, y) \\
y' &= y(-0.75 + 0.25x) = G(x, y)
\end{aligned}$$

```
%%%%%%%%%%%%%%%%%%%%%%%%%%%%%% PPRK4sys.m %%%%%%%%%%%%%%%%%%%%%%%%%%%%%%
clear; clc;
% Runge-Kutta Method for the prey-predator euqation
h=0.2;     % time step size
T=30.0;
t0=0.0;
t=[t0:h:T];  % time step
N=length(t)-1;
x=zeros(N+1,1);
y=zeros(N+1,1);
x(1)=2.0;    % inital value
y(1)=1.0;
f=inline('x*(1.0-0.5*y)','t','x','y');
g=inline('y*(-0.75+0.25*x)','t','x','y');
for i=1:N
    k11=f(t(i),x(i),y(i));
    k12=g(t(i),x(i),y(i));
    k21=f(t(i)+0.5*h,x(i)+0.5*h*k11,y(i)+0.5*h*k12);
    k22=g(t(i)+0.5*h,x(i)+0.5*h*k11,y(i)+0.5*h*k12);
    k31=f(t(i)+0.5*h,x(i)+0.5*h*k21,y(i)+0.5*h*k22);
    k32=g(t(i)+0.5*h,x(i)+0.5*h*k21,y(i)+0.5*h*k22);
    k41=f(t(i)+h,x(i)+h*k31,y(i)+h*k32);
    k42=g(t(i)+h,x(i)+h*k31,y(i)+h*k32);
    x(i+1) = x(i)+h/6*(k11+2*k21+2*k31+k41);
    y(i+1) = y(i)+h/6*(k12+2*k22+2*k32+k42);
end
plot(t,x,'kd-',t,y,'k*-');
axis([0 30 0 8])
legend('Prey','Predator')
```

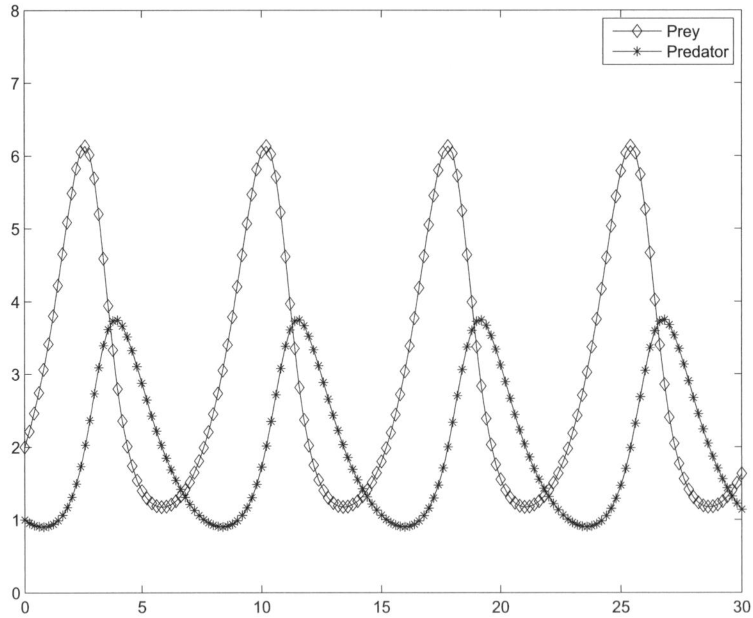

그림 7.6: 피식자(Prey)와 포식자(Predator) 개체수의 시간에 대한 변화

제 2 절 경계값 문제

2계 이상의 미분방정식에 관한 문제 중에는 종속변수 y 또는 이것의 도함수들의 서로 다른 점에서의 값이 주어졌을 때 해를 구하는 문제가 있다. 이와 같이 주어진 미분방정식과 경계에서의 조건을 만족하는 해를 구하는 문제를 경계값 문제(boundary value problem)라 하며 이 조건들을 경계조건(boundary condition)이라 한다. 이 장에서는 아래와 같은 형태의 경계값 문제를 다룬다.

$$y'' = f(x, y, y'), \quad a \le x \le b, \quad y(a) = \alpha, \quad y(b) = \beta \tag{7.10}$$

함수 $f(x, y, y')$가 다음과 같은 형태를 지닐 때 선형 경계값 문제라 한다.

$$f(x, y, y') = p(x)y' + q(x)y + r(x).$$

2.1 선형 shooting 방법

일반적으로 경계값 문제 (7.10)은 초기값 문제

$$y'' = f(x, y, y'), \quad y(a) = y_0, \quad y'(a) = y_0'$$

보다 수치해를 구하기 어렵다. 경계값 문제의 수치해를 구하기 위한 shooting 방법의 기본은 경계값 문제 (7.10)의 경계조건과 관련된 다음 초기값 문제의 해를 구하는 것이다.

$$
\begin{aligned}
y'' &= p(x)y' + q(x)y + r(x), \quad a \le x \le b, \quad y(a) = \alpha, \quad y'(a) = 0 \quad (7.11)\\
y'' &= p(x)y' + q(x)y, \quad a \le x \le b, \quad y(a) = 0, \quad y'(a) = 1 \quad (7.12)
\end{aligned}
$$

$y_1(x)$와 $y_2(x)$를 각각 식 (7.11)와 (7.12)의 해라 하고

$$y(x) = y_1(x) + \frac{\beta - y_1(b)}{y_2(b)} y_2(x)$$

라 하자. 그러면

$$y'(x) = y_1'(x) + \frac{\beta - y_1(b)}{y_2(b)} y_2'(x) \quad \text{그리고} \quad y''(x) = y_1''(x) + \frac{\beta - y_1(b)}{y_2(b)} y_2''(x)$$

이 된다. 따라서

$$
\begin{aligned}
y'' &= p(x)y_1' + q(x)y_1 + r(x) + \frac{\beta - y_1(b)}{y_2(b)}(p(x)y_2' + q(x)y_2)\\
&= p(x)\left(y_1' + \frac{\beta - y_1(b)}{y_2(b)} y_2'\right) + q(x)\left(y_1 + \frac{\beta - y_1(b)}{y_2(b)} y_2\right) + r(x)\\
&= p(x)y'(x) + q(x)y(x) + r(x).
\end{aligned}
$$

게다가,

$$
\begin{aligned}
y(a) &= y_1(a) + \frac{\beta - y_1(b)}{y_2(b)} y_2(a) = \alpha + \frac{\beta - y_1(b)}{y_2(b)} \cdot 0 = \alpha\\
y(b) &= y_1(b) + \frac{\beta - y_1(b)}{y_2(b)} y_2(b) = y_1(b) + \beta - y_1(b) = \beta
\end{aligned}
$$

이다. 따라서 $y(x)$는 선형 경계값 문제의 해가 된다.

선형 방정식에 대한 shooting 방법은 선형 경계값 문제를 두 개의 초기값 문제 (7.11)와 (7.12)로 대체한다. 해 $y_1(x)$와 $y_2(x)$의 근사값은 앞 절에서 배운 미분 방정식의 여러 가지 수치해법으로 구할 수 있다. Euler 방법을 사용하여 $y_1(x)$와 $y_2(x)$의 근사값을 구하고, 이 값을 이용하여 shooting 방법의 한 부분인 반복법을

나타내면 다음과 같다. $i = 0, 1, 2, \ldots, N$에 대해서

$$\begin{aligned} y_1(t_{i+1}) &= y_1(t_i) + hy_1'(t_i) \\ y_1'(t_{i+1}) &= y_1'(t_i) + hy_1''(t_i) = y_1'(t_i) + h[p(t_i)y_1'(t_i) + q(t_i)y_1(t_i) + r(t_i)] \\ y_2(t_{i+1}) &= y_2(t_i) + hy_2'(t_i) \\ y_2'(t_{i+1}) &= y_2'(t_i) + hy_2''(t_i) = y_2'(t_i) + h[p(t_i)y_2'(t_i) + q(t_i)y_2(t_i)]. \end{aligned}$$

여기서 $h = (b-a)/N$, $t_i = a + hi$, $y_1(a) = \alpha$, $y_1'(a) = 0$, $y_2(a) = 0$, $y_2'(a) = 1$이다.

그러면 우리가 원하는 해는 다음과 같이 구할수 있다.

$$y(t_i) = y_1(t_i) + \frac{\beta - y_1(t_N)}{y_2(t_N)} y_2(t_i), \quad i = 0, 1, 2, \ldots, N.$$

Shooting 방법을 이용하여 다음 경계값 문제의 수치해를 구해보자.

$$y'' = y' + y - 2(1+x)\cos(x) + (x-4)\sin(x), \quad 0 \le x \le \pi, \quad y(0) = 0, \quad y(\pi) = -\pi$$

위 경계값 문제의 정확해는

$$y(x) = x\cos(x) + \sin(x).$$

이다. `shooting.m`은 선형 shooting 방법을 이용하여 경계값 문제의 수치해를 계산하는 MATLAB 코드이다.

```
%%%%%%%%%%%%%%%%%%%%%%%%%% shooting.m %%%%%%%%%%%%%%%%%%%%%%%%%%
clear; clc; clf; n=20;
x=linspace(0, pi, n+1); h=x(2)-x(1);
ex=x.*cos(x)+sin(x);
rx=inline('-2*(1+fx)*cos(fx)+(fx-4)*sin(fx)');
u1(1)=ex(1); v1(1)=0; u2(1)=0; v2(1)=1;
for i=1:n
 u1(i+1)=u1(i)+h*v1(i);
 v1(i+1)=v1(i)+h*(v1(i)+u1(i)+rx(x(i)));
 u2(i+1)=u2(i)+h*v2(i);
```

```
 v2(i+1)=v2(i)+h*(v2(i)+u2(i));
end
y=u1+u2*(ex(n+1)-u1(n+1))/u2(n+1);
plot(x,y,'ko',x,ex,'k-')
axis([x(1) x(n+1) min(y)-0.2 max(y)+0.2])
legend('numerical ','exact solution',2)
```

그림 7.7은 정확해와 수치해를 나타낸다.

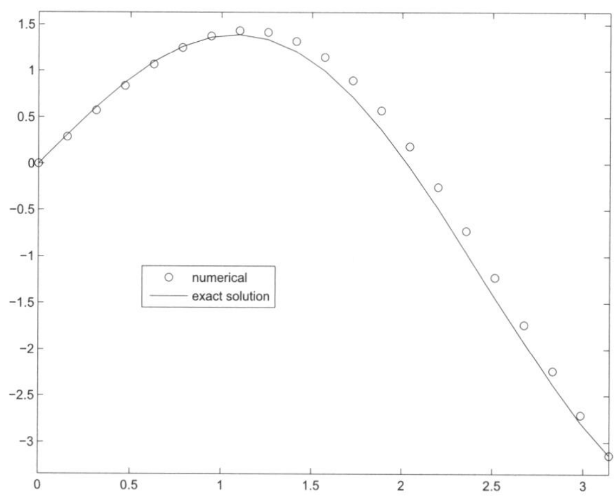

그림 7.7: 정확해와 선형 shooting 방법으로 얻은 수치해

2.2 비선형 shooting 방법

비선형 2계 경계값 문제 대한 shooting 방법은 비선형 문제의 해가 두 개의 초기값 문제의 해의 일차결합으로 표현할 수 없다는 점을 제외하고 선형 shooting 방법과 비슷하다. 그 대신 변수 t를 포함하는 초기값 문제의 수열에 대한 해를 사용함으로써 경계값 문제의 해를 근사한다. 이는 다음과 같은 형태로 나타낼 수 있다.

$$y'' = f(x, y, y'), \quad a \le x \le b, \quad y(a) = \alpha, \quad y'(a) = t. \tag{7.13}$$

$\lim_{k\to\infty} y(b, t_k) = y(b) = \beta$. 여기서 $y(x, t_k)$는 $t = t_k$일 때 초기값 문제 (7.13)의 해

를, $y(x)$는 경계값 문제의 해를 나타낸다. t_k를 찾기 위한 반복법은 다음과 같다.

$$t_k = t_{k-1} - \frac{y(b, t_{k-1}) - \beta}{(dy/dt)(b, t_{k-1})}. \tag{7.14}$$

위의 식은 $(dy/dt)(b, t_{k-1})$를 필요로 한다. 이를 찾기 위해서 식 (7.13)을 미분하면 다음과 같다.

$$\frac{\partial y''}{\partial t}(x,t) = \frac{\partial f}{\partial t}(x, y(x,t), y'(x,t)) = \frac{\partial f}{\partial x}\frac{\partial x}{\partial t} + \frac{\partial f}{\partial y}\frac{\partial y}{\partial t} + \frac{\partial f}{\partial y'}\frac{\partial y'}{\partial t}. \tag{7.15}$$

여기서 x 와 t 가 독립변수 이므로 $\partial x/\partial t = 0$이다. 위 방정식에 대입하면

$$\frac{\partial y''}{\partial t} = \frac{\partial f}{\partial y}\frac{\partial y}{\partial t} + \frac{\partial f}{\partial y'}\frac{\partial y'}{\partial t}$$

이다. $\frac{\partial y}{\partial t} = z$라 하면, 위 식은

$$z''(x,t) = \frac{\partial f}{\partial y} z(x,t) + \frac{\partial f}{\partial y'} z'(x,t), \;\; a \le x \le b, \;\; z(a,t) = 0, \;\; z'(a,t) = 1, \tag{7.16}$$

을 만족하고 식 (7.14)는

$$t_k = t_{k-1} - \frac{y(b, t_{k-1}) - \beta}{z(b, t_{k-1})} \tag{7.17}$$

이다. 경계값 문제는 식 (7.13), (7.16), (7.17)을 이용하여 다음과 같이 풀 수 있다.

$$\begin{aligned}
y_{i+1} &= y_i + h y'_i \\
y'_{i+1} &= y'_i + h y''_i = y'_i + h f(x_i, y_i, y'_i) \\
z_{i+1} &= z_i + h z'_i \\
z'_{i+1} &= z'_i + h z''_i = z'_i + h\left(\frac{\partial f}{\partial y} z_i + \frac{\partial f}{\partial y'} z'_i\right) \\
t_k &= t_{k-1} - \frac{y_{N,t_{k-1}} - \beta}{z_{N,t_{k-1}}}
\end{aligned}$$

여기서 $t_0 = (\beta - \alpha)/(b - a)$, $y_{0,t_k} = \alpha$, $y'_{0,t_k} = t_k$, $z_{0,t_k} = 0$, ${}'_{0,t_k} = 1$, $n = 0, 1, 2, ..., N$, $k = 0, 1, 2, ..., M$이다. 그리고 $|y(N, t_k) - \beta| \le tol$ 를 만족할 때까지 비선형 Shooting 방법을 사용한다. 다음 경계값 문제의 해를 shooting 방법을 사용하여 구하여보자.

$$y'' = (y^3 - y)/\epsilon^2, \;\; 0 \le x \le 1, \;\; y(0) = 0, \;\; y(1) = \tanh\left(\frac{1}{\sqrt{2}\epsilon}\right).$$

위 문제의 정확해를 구하면 $y(x) = \tanh\left(\frac{x}{\sqrt{2}\epsilon}\right)$이고, 그림 7.8에서 정확해와 수치해를 비교하였다.

```
%%%%%%%%%%%%%%%%%%%%% nonlinear_shooting.m %%%%%%%%%%%%%%%%%%%%%%%%
clear; clf; clc; epsilon=0.5; n=20; flag=1; k=1;
x=linspace(0, 1, n+1); h=x(2)-x(1); ex=tanh(x/(sqrt(2)*epsilon));
tol=1.0e-5; t(k)=(ex(n+1)-ex(1))/(x(n+1)-x(1));
y(1)=0; z(1)=0; zp(1)=1; plot(x,ex,'k-'); hold
while (flag==1)
    yp(1)=t(k);
    for i=1:n
        y(i+1)=y(i)+h*yp(i);
        yp(i+1)=yp(i)+h*(y(i)^3-y(i))/epsilon^2;
        z(i+1)=z(i)+h*zp(i);
        zp(i+1)=zp(i)+h*(3*y(i)^2-1)*z(i)/epsilon^2;
    end
if (abs(y(end)-ex(end))<tol || k>2)
flag=0;
end
k=k+1; t(k)=t(k-1)-(y(end)-ex(end))/z(end);
if k==2
plot(x,y,'ko')
elseif k==3
    plot(x,y,'kd')
else
    plot(x,y,'ks')
end
end
legend('exact solution','first iteration', ...
    'second iteration','third iteration')
```

```
set(gca, 'fontsize',18);
```

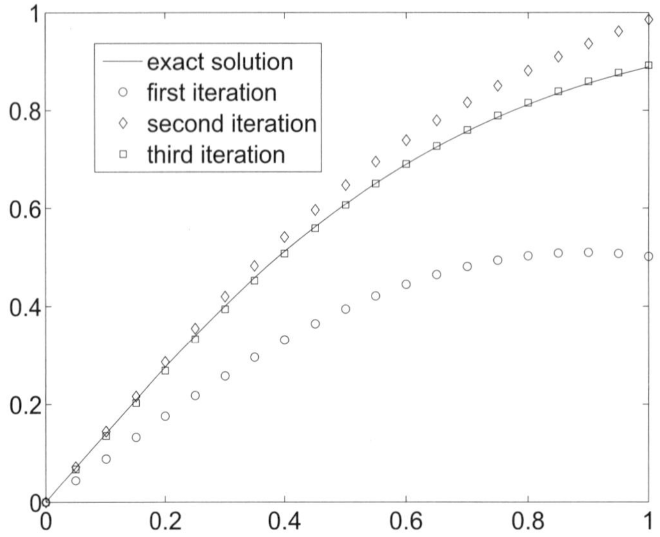

그림 7.8: 정확해와 비선형 shooting 방법을 적용한 수치해

8장

열방정식에 대한 유한 차분법

이 장에서는 포물형(parabolic) 편미분방정식의 대표적인 예인 열방정식을 유한 차분법을 이용하여 풀어보기로 하자. 열방정식은 주어진 열의 분포로부터 시간에 따라 열이 전달되는 흐름을 나타내는 방정식이다. 열은 따뜻한 곳에서 차가운 곳으로 온도차에 비례하여 흐름이 나타난다. 이 현상은 열의 확산 현상이기도 하여 열방정식을 확산방정식(diffusion equation)으로도 부른다.
1차원 열방정식은 다음과 같다.

$$u_t(x,t) = u_{xx}(x,t), \qquad 0 < x < 1, \qquad t > 0. \tag{8.1}$$

이때 초기조건은 $u(x,0) = \sin(\pi x)$이고 경계조건은 $u(0,t) = u(1,t) = 0$이다. 초기 및 경계조건으로부터 식 (8.1)은 유일한 해를 가지며 $u(x,t) = \sin(\pi x)e^{-\pi^2 t}$이다. 그림 8.1는 $t = 0.0$, 0.05, 0.1, 0.15, 0.2일 때 온도 분포를 나타낸 것이다.

제 1 절 유한 차분법 (Finite Difference Method, FDM)

유한 차분법은 편미분방정식을 차분방정식(difference equation)으로 이산화하여 수치적인 해를 구하는 방법이다. 유한 차분법의 특징은 유한 요소법(finite element method)에 비해 편미분방정식에서 1차 연립방정식으로의 변환 과정이 직접적이며 행렬을 형성할 필요가 없기 때문에 계산 시간이 짧고 적은 저장 용량이 요구된

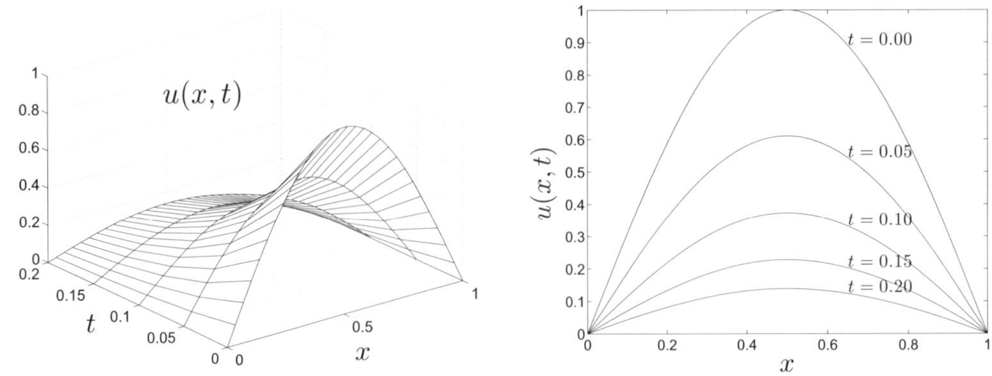

그림 8.1: 열방정식의 해석해

다. 유한 차분법은 선형 문제뿐만 아니라 비선형 문제에도 비교적 쉽게 적용할 수 있다.

먼저 Taylor의 정리[1]에 바탕을 두는 유한 차분법의 기본 원리에 대하여 살펴 보자. 함수 $u(x+h,t)$는 Taylor 급수 전개에 의해 $u(x,t)$와 그 편미분들의 무한급수로 나타낼 수 있다.

$$u(x+h,t) = u(x,t) + u_x(x,t)h + \frac{u_{xx}(x,t)}{2!}h^2 + \frac{u_{xxx}(x,t)}{3!}h^3 + \cdots . \tag{8.2}$$

식 (8.2)를 2차 이상의 항을 무시하고 $u_x(x,t)$에 대하여 정리하면 다음과 같은 결과를 얻을 수 있다.

$$u_x(x,t) = \frac{u(x+h,t) - u(x,t)}{h} + O(h). \tag{8.3}$$

이를 1계 미분에 대한 전방 차분(forward difference)이라 한다. 또한

$$u(x-h,t) = u(x,t) - u_x(x,t)h + \frac{u_{xx}(x,t)}{2!}h^2 - \frac{u_{xxx}(x,t)}{3!}h^3 + \cdots \tag{8.4}$$

에 동일한 과정을 적용하면

$$u_x(x,t) = \frac{u(x,t) - u(x-h,t)}{h} + O(h) \tag{8.5}$$

[1]함수 f는 $x = x_0$에서 n번 미분가능하다 하자.

$$p_n(x) = f(x_0) + f'(x_0)(x-x_0) + \frac{f''(x_0)}{2!}(x-x_0)^2 + \cdots + \frac{f^{(n)}(x_0)}{n!}(x-x_0)^n$$

을 $x = x_0$에서 f의 n번째 Taylor 다항식이라 한다.

를 얻으며 이를 1계 미분에 대한 후방 차분(backward difference)이라 한다. 중앙 차분(central difference)은 전방 차분과 후방 차분의 평균으로 식 (8.2)에서 식 (8.4)를 뺀 다음 3차 이상의 항을 무시하고 $u_x(x,t)$에 대하여 정리함으로써 얻을 수 있다.

$$u_x(x,t) = \frac{u(x+h,t) - u(x-h,t)}{2h} + O(h^2). \tag{8.6}$$

전방, 후방, 중앙 차분을 이용하여 함수의 주어진 점에서 미분값의 근사값을 구해보자. `difference.m`은 함수 $u(x) = \sin x$의 $x = \pi/4$에서 $h = 1/2^k$, $k = 1, 2, \ldots, 10$일 때까지 각각의 차분을 이용하여 미분값을 계산하는 MATLAB 코드이다.

```
%%%%%%%%%%%%%%%%%%%%%% difference.m %%%%%%%%%%%%%%%%%%%%%%
clear; clc; x=pi/4;
fprintf('    h          forward         backward        central \n')
for k=1:10
h=1/2^k;
forw=(sin(x+h)-sin(x))/h;
back=(sin(x)-sin(x-h))/h;
cent=(sin(x+h)-sin(x-h))/(2*h);
fprintf('%.6f      %.6f      %.6f      %.6f \n',h,forw,back,cent)
end
```

`difference.m`을 실행하면 다음과 같은 결과를 얻을 수 있다.

```
   h          forward      backward     central
0.500000     0.504886     0.851135     0.678010
0.250000     0.611835     0.787693     0.699764
0.125000     0.661130     0.749403     0.705267
0.062500     0.684557     0.728736     0.706647
0.031250     0.695944     0.718039     0.706992
0.015625     0.701554     0.712602     0.707078
0.007813     0.704337     0.709862     0.707100
0.003906     0.705724     0.708486     0.707105
```

```
0.001953      0.706416      0.707797      0.707106
0.000977      0.706761      0.707452      0.707107
```

참값은 $\cos(\pi/4) \approx 0.707107$이며 h가 0으로 가까이 갈 때 중앙 차분으로 구한 근사값이 전방과 후방 차분으로 구한 근사값보다 훨씬 빨리 참값에 가까워지는 것을 볼 수 있다. 이는 식 (8.3), (8.5), (8.6)에서의 $O(h^r)$과 연관된다. 전방과 후방 차분에서의 $O(h)$는 근사값이 참값에 수렴하는 속도와 h가 0으로 가까이 가는 속도가 같은 것을 의미하나, 중앙 차분에서의 $O(h^2)$은 근사값이 참값에 수렴하는 속도는 h^2이 0으로 가까이 가는 속도와 같다는 것을 의미한다.

2계 이상의 고계 도함수에 대해서도 식 (8.2)와 (8.4)를 이용하여 차분 근사식을 얻을 수 있다. 예를 들어 식 (8.2)와 (8.4)를 더한 다음 4차 이상의 항을 무시하고 $u_{xx}(x,t)$에 대하여 정리하면 2계 미분에 대한 중앙 차분을 얻을 수 있다.

$$u_{xx}(x,t) = \frac{u(x+h,t) - 2u(x,t) + u(x-h,t)}{h^2} + O(h^2). \tag{8.7}$$

유한 차분법에서 쓰이게 될 격자(mesh)에 대하여 살펴보도록 하자.

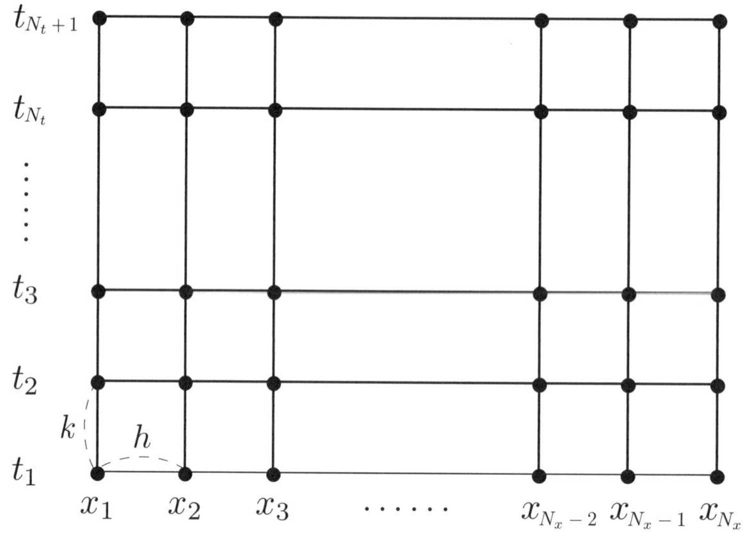

그림 8.2: 유한 차분을 위한 격자

그림 8.2과 같이 구간 $[a,b]$를 균등하게 (N_x-1)등분하고 마디점을 x_i, 두 점 사이의 간격을 h라 하자. 마찬가지로 시간에 대해서도 구간 $[0,T]$를 균등하게 N_t등분

하고 마디점을 t_n, 두 점 사이의 간격을 k라 하자. 그러면 $h = (b-a)/(N_x-1)$, $k = T/N_t$, $x_i = a + (i-1)h$, $t_n = (n-1)k$이고

$$a = x_1 < x_2 < \cdots < x_{N_x-1} < x_{N_x} = b$$
$$0 = t_1 < t_2 < \cdots < t_{N_t} < t_{N_t+1} = T$$

와 같이 된다. 앞으로 $u_i^n = u(x_i, t_n)$이라 쓰기로 한다.

열방정식에 대한 근사해를 명시적, 함축적, 크랭크-니콜슨 유한 차분법을 이용하여 구해보자.

제 2 절 Explicit 유한 차분법

먼저 정수 $N_x > 0$을 선택하고 $h = 1/(N_x-1)$이라 정의하면, 식 (8.3)과 (8.7)을 이용하여, 열방정식 (8.1)에 대해 다음과 같이 유한차분법을 적용할 수 있게 된다. 시간에 대해서 u_t를 전방차분, 그리고 공간에 대해서 u_{xx}를 중앙 차분을 이용하여 열방정식을 다음과 같이 이산화하여 나타낼 수 있다.

$$\frac{u_i^{n+1} - u_i^n}{k} + O(k) = \frac{u_{i+1}^n - 2u_i^n + u_{i-1}^n}{h^2} + O(h^2) \tag{8.8}$$

$$\text{for} \quad i = 2, \ldots, N_x - 1 \quad \text{and} \quad n = 1, 2, \ldots, N_t.$$

$O(k)$와 $O(h^2)$를 무시하면, 식(8.8)를 차분방정식

$$u_i^{n+1} = u_i^n + \alpha(u_{i+1}^n - 2u_i^n + u_{i-1}^n), \ \alpha = \frac{k}{h^2} \tag{8.9}$$

으로 정리할 수 있다. 초기치는 $u_i^1 = \sin(\pi x_i)$, $i = 1, 2, \ldots, N_x$이다. u_i^n을 알고 있다면 명시적으로 u_i^{n+1}을 계산할 수 있다. 이것이 이 방법을 명시적이라 부른다. `heatex.m`은 $\alpha = 0.45$, $N_x = 30$일 때, 시간에 따른 열방정식의 해를 나타낸 MATLAB 코드이다.

```
%%%%%%%%%%%%%%%%%%%%%%%%%%%%%% heatex.m %%%%%%%%%%%%%%%%%%%%%%%%%%%%%%
clf; clear; clc; alpha=0.45; Nx=30; x=linspace(0,1,Nx);
```

```
h=x(2)-x(1); k=alpha*h^2; T=0.125; Nt=round(T/k);
u(1:Nx,1:Nt+1)=0; u(:,1)=sin(pi*x); exu=u;
for n=1:Nt
    for i=2:Nx-1
        u(i,n+1) = u(i,n)+alpha*(u(i-1,n)-2*u(i,n)+u(i+1,n));
      exu(i,n+1) = sin(pi*x(i))*exp(-pi^2*(k*n));
    end
end
plot(x,u(:,1),'k*',x,u(:,50),'kd',x,u(:,100),'ks',...
     x,u(:,Nt+1),'ko'); hold
plot(x,exu(:,1),'k',x,exu(:,50),'k',x,exu(:,100),'k',...
     x,exu(:,Nt+1),'k')
legend('initial','n=50','n=100','n=Nt+1','exact solution',-1)
xlabel('x','FontSize',20); ylabel('u(x,t)','FontSize',20)
```

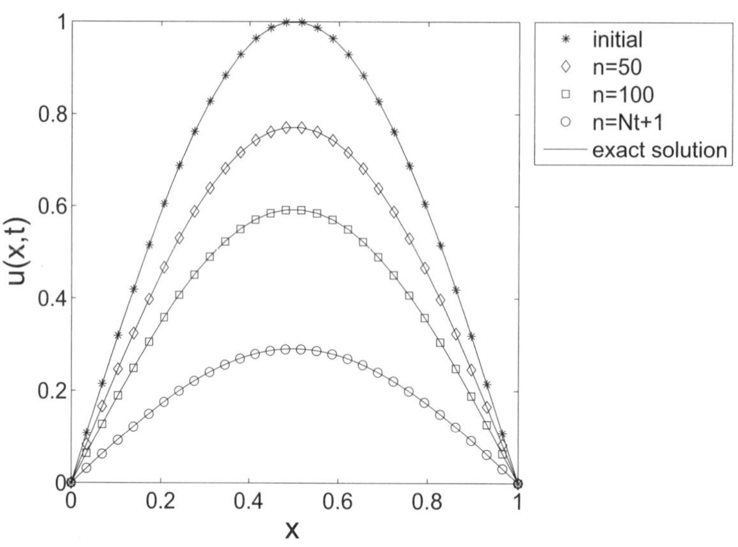

그림 8.3: $\alpha = 0.45$인 안정한 상태

heatexunstable.m은 $\alpha = 0.55$, $N_x = 30$일 때, 시간에 따른 열방정식의 해를

나타낸 MATLAB 코드이다.

```
%%%%%%%%%%%%%%%%%%%%%%%%% heatexunstable.m %%%%%%%%%%%%%%%%%%%%%%%
clf; clear; clc; alpha=0.55; Nx=30; x=linspace(0,1,Nx);
h=x(2)-x(1); k=alpha*h^2; T=0.125; Nt=round(T/k);
u(1:Nx,1:Nt+1)=0; u(:,1)=sin(pi*x); exu=u;
for n=1:Nt
    for i=2:Nx-1
        u(i,n+1) = u(i,n)+alpha*(u(i-1,n)-2*u(i,n)+u(i+1,n));
      exu(i,n+1) = sin(pi*x(i))*exp(-pi^2*(k*n));
    end
end
plot(x,u(:,1),'k*',x,u(:,50),'kd',x,u(:,100),'ks',...
     x,u(:,Nt+1),'ko'); hold
plot(x,exu(:,1),'k',x,exu(:,50),'k',x,exu(:,100),'k',...
     x,exu(:,Nt+1),'k')
legend('initial','n=50','n=100','n=Nt+1','exact solution',-1)
xlabel('x','FontSize',20); ylabel('u(x,t)','FontSize',20)
```

2.1 명시적 방법의 안정성 문제 - 폰 노이만 (von Neumann) 방법

유한 차분법을 사용하여 편미분방정식의 수치해를 구할 때 각 time step에서 생기는 오차를 제어하지 못하면 수치해와 함께 오차는 성장하고 결국 불안정해로 귀착된다. 따라서 유한 차분법을 사용하여 안정적인 수치해를 얻기 위해서는 안정성 분석에 의한 오차의 제어는 필수적이다. 이를 위해 일반적으로 사용되는 방법 중의 하나가 폰 노이만 방법이다. 폰 노이만 방법은 차분방정식의 해를 유한 개의 푸리에 급수 (finite Fourier series)로 나타낸 다음, 함수의 성장을 고려하는 것이다. 푸리에 급수는 사인과 코사인의 조합으로 표현할 수도 있지만 복소지수함수로 나타내면 계산을 간단하게 할 수 있다. 즉

$$u_k^n = e^{i\beta kh}\xi^n \tag{8.10}$$

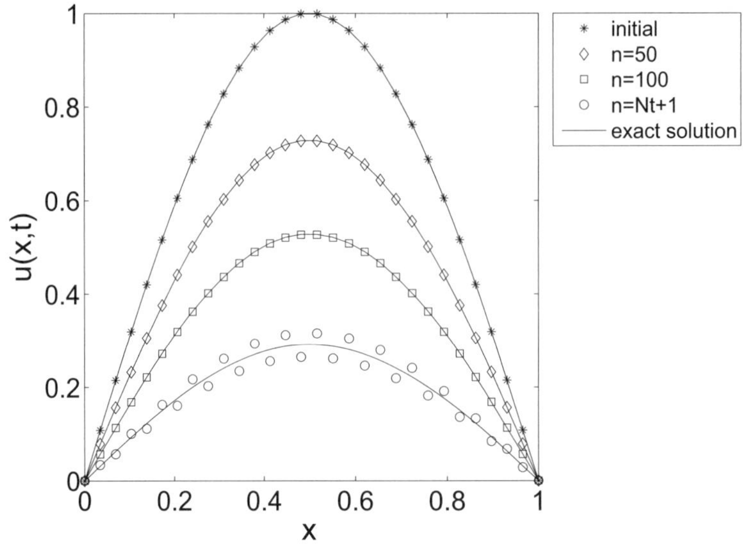

그림 8.4: $\alpha = 0.55$인 불안정한 상태

이다. 시간이 지남에 따라서 u_k^n이 어떻게 성장하는가 보자. 식 (8.10)을 방정식 (8.9)에 대입하면 다음을 얻는다.

$$\begin{aligned} e^{i\beta kh}\xi^{n+1} &= \alpha e^{i\beta(k-1)h}\xi^n + (1-2\alpha)e^{i\beta kh}\xi^n + \alpha e^{i\beta(k+1)h}\xi^n, \\ \xi &= \alpha e^{-i\beta h} + (1-2\alpha) + \alpha e^{i\beta h} = 1 - 4\alpha\sin^2\frac{\beta h}{2}. \end{aligned}$$

명시적 차분해가 폰 노이만 관점에서 안정적이기 위한 필요충분조건은 $|\xi| \le 1$이다. 그러므로 다음의 부등식이 성립한다.

$$0 \le \alpha \sin^2\frac{\beta h}{2} \le \frac{1}{2}. \tag{8.11}$$

따라서 명시적 차분해가 안정적이기 위한 필요충분조건은 다음과 같다.

$$0 < \alpha \le \frac{1}{2}. \tag{8.12}$$

그림 8.3에서 $\alpha = 0.45$일 때 계산된 값은 정확한 해에 가까워지지만, 그림 8.4에서 보듯이 $\alpha = 0.55$일 때 계산된 값은 정확한 해로 수렴하지 않는다. 즉 α의 값이 커짐에 따라 구한 해가 불안정할 수 있다는 점이 명시적 유한 차분법의 단점이다.

제 3 절 Implicit 유한 차분법

명시적 유한 차분법의 안정조건인 $0 < \alpha \leq \frac{1}{2}$의 제약을 피하기 위해 함축적 유한 차분법을 이용한다. 함축적 방법은 시간간격을 작게 취하지 않고도 많은 수의 격자점들을 이용할 수 있다. 다만 함축적 방법은 유한 차분 연립방정식의 해를 구해야 한다. 보통 함축적 유한 차분법이라고 알려진 완전 함축적 유한 차분법은 u_t에 대한 후방 유한 차분 근사와 u_{xx}에 대한 중앙 차분 근사를 이용한다. 따라서 다음과 같은 함축적 유한 차분 방정식을 이끌어 낼 수 있다.

$$\frac{u_i^{n+1} - u_i^n}{k} = \frac{u_{i-1}^{n+1} - 2u_i^{n+1} + u_{i+1}^{n+1}}{h^2}.$$

다시 정리하면 다음의 함축적 유한 차분 방정식

$$-\alpha u_{i-1}^{n+1} + (1 + 2\alpha)u_i^{n+1} - \alpha u_{i+1}^{n+1} \;=\; u_i^n,\; \alpha = \frac{k}{h^2},\; i = 2, \cdots, N_x - 1 \quad (8.13)$$

을 얻게 된다. 식 (8.13)은 다음과 같은 선형 시스템 (linear system)으로 나타낼 수 있다.

$$\begin{pmatrix} 1+2\alpha & -\alpha & 0 & \dots & 0 \\ -\alpha & 1+2\alpha & -\alpha & & 0 \\ 0 & -\alpha & \ddots & \ddots & \vdots \\ \vdots & & \ddots & \ddots & -\alpha \\ 0 & 0 & & -\alpha & 1+2\alpha \end{pmatrix} \begin{pmatrix} u_2^{n+1} \\ u_3^{n+1} \\ \vdots \\ \vdots \\ u_{N_x-1}^{n+1} \end{pmatrix} \quad (8.14)$$

$$= \begin{pmatrix} \alpha u_1^{n+1} + u_2^n \\ u_3^n \\ \vdots \\ \vdots \\ u_{N_x-1}^n + \alpha u_{N_x}^{n+1} \end{pmatrix} = \begin{pmatrix} b_2^n \\ b_3^n \\ \vdots \\ \vdots \\ b_{N_x-1}^n \end{pmatrix}. \quad (8.15)$$

식(8.15)은 좀 더 압축된 형태인

$$\mathbf{A}\boldsymbol{u}^{n+1} = \boldsymbol{b}^n \tag{8.16}$$

으로 나타낼 수 있다. 여기서 $\boldsymbol{u}^{n+1}$와 $\boldsymbol{b}^n$는 $(N_x - 2)$차원의 벡터들인

$$\boldsymbol{u}^{n+1} = (u_2^{n+1}, \cdots, u_{N_x-1}^{n+1})^T, \quad \boldsymbol{b}^n = \boldsymbol{u}^n + \alpha(u_1^{n+1}, 0, \cdots, 0, u_{N_x}^{n+1})^T$$

을 뜻하며, 행렬$\mathbf{A}$은 식 (8.15)에서 주어진 $(N_x - 2)-$정방대칭행렬을 뜻한다. $\alpha \geq 0$에 대하여 행렬$\mathbf{A}$는 가역(invertible)이므로

$$\boldsymbol{u}^{n+1} = \mathbf{A}^{-1}\boldsymbol{b}^n \tag{8.17}$$

이다. 그러므로 $\boldsymbol{u}^n$과 경계조건에 의해 구해지는 $\boldsymbol{b}^n$에 의해 $\boldsymbol{u}^{n+1}$를 찾을 수 있다. 초기조건은 $\boldsymbol{u}^1$에 의해 결정되므로 각각의 $\boldsymbol{u}^{n+1}$을 순차적으로 구할 수 있다.

3.1 토마스 알고리즘 (Thomas Algorithm)

0 이 아닌 원소를 가지는 다음 행렬을 살펴보자.

$$\begin{pmatrix} d_1 & c_1 & & & & & & \\ a_1 & d_2 & c_2 & & & & & \\ & a_2 & d_3 & c_3 & & & & \\ & & \ddots & \ddots & \ddots & & & \\ & & & a_{i-1} & d_i & c_i & & \\ & & & & \ddots & \ddots & \ddots & \\ & & & & & a_{N_x-2} & d_{N_x-1} & c_{N_x-1} \\ & & & & & & a_{N_x-1} & d_{N_x} \end{pmatrix} \begin{pmatrix} x_1 \\ x_2 \\ x_3 \\ \vdots \\ x_i \\ \vdots \\ x_{N_x-1} \\ x_{N_x} \end{pmatrix}$$

$$
= \begin{pmatrix} b_1 \\ b_2 \\ b_3 \\ \vdots \\ b_i \\ \vdots \\ b_{N_x-1} \\ b_{N_x} \end{pmatrix}, \tag{8.18}
$$

여기서 표시되지 않은 원소들은 모두 0이다. 삼중대각(Tridiagonal) 행렬은 $|i-j| \geq 2$일 때, $a_{ij} = 0$가 되는 특징을 가지고 있다. 이제 삼중대각 행렬의 해를 구하는 알고리즘을 구해보자. 1행에 a_1/d_1을 곱한 값을 2행에서 뺀다. 그러면 a_1의 자리에는 0이 위치하게 되고 d_2와 b_2의 값도 다음과 같이 변하게 된다.

$$
d_2 = d_2 - \frac{a_1}{d_1}c_1, \qquad b_2 = b_2 - \frac{a_1}{d_1}b_1
$$

하지만 c_2는 변하지 않는다.

$$
\begin{pmatrix} d_1 & c_1 & & & & & & \\ 0 & d_2 - \frac{a_1 c_1}{d_1} & c_2 & & & & & \\ & a_2 & d_3 & c_3 & & & & \\ & & \ddots & \ddots & \ddots & & & \\ & & & a_{i-1} & d_i & c_i & & \\ & & & & \ddots & \ddots & \ddots & \\ & & & & & a_{N_x-2} & d_{N_x-1} & c_{N_x-1} \\ & & & & & & a_{N_x-1} & d_{N_x} \end{pmatrix} \begin{pmatrix} x_1 \\ x_2 \\ x_3 \\ \vdots \\ x_i \\ \vdots \\ x_{N_x-1} \\ x_{N_x} \end{pmatrix}
$$

$$
= \begin{pmatrix} b_1 \\ b_2 - \dfrac{a_1 b_1}{d_1} \\ b_3 \\ \vdots \\ b_i \\ \vdots \\ b_{N_x-1} \\ b_{N_x} \end{pmatrix}.
$$

이 과정을 반복하여 적용하면 각각의 단계에서 d_i와 b_i들은 다음과 같이 바뀌게 된다.

$$
d_i = d_i - \frac{a_{i-1}}{d_{i-1}} c_{i-1}, \qquad b_i = b_i - \frac{a_{i-1}}{d_{i-1}} b_{i-1} \qquad (2 \le i \le N_x).
$$

전방소거의 결과로 식(8.18)은 다음의 형태를 갖게 된다.

$$
\begin{pmatrix}
d_1 & c_1 & & & & & & \\
 & d_2 & c_2 & & & & & \\
 & & d_3 & c_3 & & & & \\
 & & & \ddots & \ddots & & & \\
 & & & & d_i & c_i & & \\
 & & & & & \ddots & \ddots & \\
 & & & & & & d_{N_x-1} & c_{N_x-1} \\
 & & & & & & & d_{N_x}
\end{pmatrix}
\begin{pmatrix} x_1 \\ x_2 \\ x_3 \\ \vdots \\ x_i \\ \vdots \\ x_{N_x-1} \\ x_{N_x} \end{pmatrix}
=
\begin{pmatrix} b_1 \\ b_2 \\ b_3 \\ \vdots \\ b_i \\ \vdots \\ b_{N_x-1} \\ b_{N_x} \end{pmatrix}.
$$

여기서 b_i와 d_i들은 처음 값과는 다른 값을 가지고 있지만 c_i의 값들은 처음 값과 동일하다. 이제 후방대입을 통해 x_{N_x}, x_{N_x-1}, $\cdots$, x_1을 차례로 구할 수 있다.

$$
\begin{aligned}
x_{N_x} &= \frac{b_{N_x}}{d_{N_x}}, \\
x_i &= \frac{1}{d_i}(b_i - c_i x_{i+1}), \qquad i = N_x - 1,\ N_x - 2,\ \cdots,\ 1.
\end{aligned}
$$

heatim.m은 열방정식의 함축적 유한 차분법을 이용한 수치해를 토마스 알고리즘을 이용하여 구하는 MATLAB 코드이다.

```
%%%%%%%%%%%%%%%%%%%%%%%%%% heatim.m %%%%%%%%%%%%%%%%%%%%%%%%%%
clear; clc; clf; Nx=12; x=linspace(0,1,Nx); h=x(2)-x(1);
T=0.1; alpha=2; k=alpha*(h^2); Nt=round(T/k);
u(:,1)=sin(pi*x);
for i=1:Nx-2
    dd(i)= 1 + 2*alpha; c(i)= - alpha; a(i)= - alpha;
end
for n=1:Nt
    d=dd;
    for i=1:Nx-2
        b(i)=u(i+1,n);
    end
    for i=2:Nx-2
    xmult= a(i-1)/d(i-1);
    d(i) = d(i) - xmult*c(i-1);
    b(i) = b(i) - xmult*b(i-1);
    end
       u(Nx-1,n+1) = b(Nx-2)/d(Nx-2);
    for i = Nx-3:-1:1
       u(i+1,n+1) = (b(i) - c(i)*u(i+2,n+1))/d(i);
    end
```

```
end
plot(x,u,'ko-')
xlabel('x','FontSize',20); ylabel('u(x,t)','FontSize',20);
```

위의 코드 heatim.m를 실행하면 다음의 결과를 얻을 수 있다.

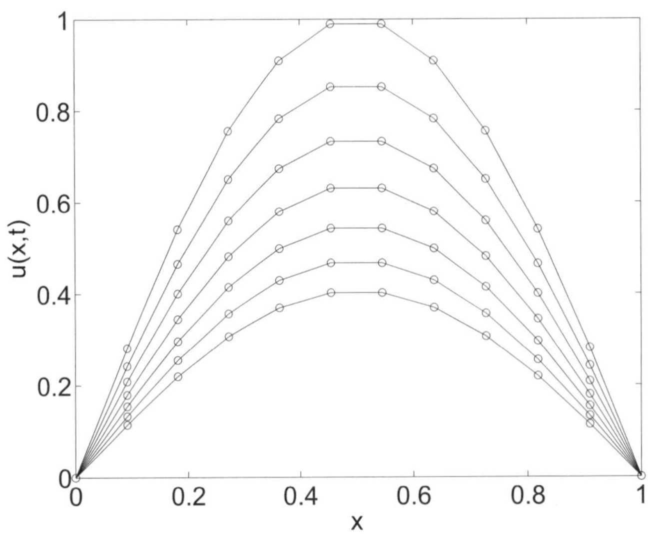

그림 8.5: 함축적 열방정식 $\alpha = 2$인 안정한 상태

3.2 함축적 방법의 안정성 문제 - 폰 노이만 (von Neumann) 방법

명시적 방법의 안정성 문제와 같이 시간이 지남에 따라서

$$u_k^n = e^{i\beta kh}\xi^n \tag{8.19}$$

이 어떻게 성장하는가 보자. 식 (8.19)을 방정식 (8.13)에 대입을 하면 다음을 얻는다.

$$\begin{aligned}
-\alpha e^{i\beta(k-1)h}\xi^{n+1} + (1+2\alpha)e^{i\beta kh}\xi^{n+1} - \alpha e^{i\beta(k+1)h}\xi^{n+1} &= e^{i\beta kh}\xi^n, \\
-\alpha e^{-i\beta h}\xi + (1+2\alpha)\xi - \alpha e^{i\beta h}\xi &= 1, \\
(2\alpha(1-\cos(\beta h))+1)\xi &= 1.
\end{aligned}$$

따라서

$$\xi = \frac{1}{4\alpha\sin^2(\beta h/2)+1}. \tag{8.20}$$

ξ는 모든 양수 α와 모든 β에 대해서 $\frac{1}{4\alpha+1} \le \xi \le 1$을 만족한다. 따라서 식 (8.13)은 무조건 안정적이다. 이는 그림 8.5로 확인할 수 있다.

제 4 절 Crank-Nicolson 방법

지금까지 언급한 명시적 또는 함축적 방법을 한번에 고려한 방법이 크랭크-니콜슨 방법이다. 크랭크-니콜슨 방법은 시간 격자 n과 $n+1$의 중간에 있는 미분 근사값 $u_i^{n+1/2}$을 이용한다. 시점 $(n+1/2)$에서 시간에 대한 1계 편미분을 구하면 다음과 같다.

$$u_t(x_i, t^{n+1/2}) = \frac{u_i^{n+1} - u_i^n}{k} + O(k^2) \tag{8.21}$$

또한 시점 $n+1/2$에서 공간변수 x에 대한 2계 편미분은 시점 n와 $n+1$에서 2계 편미분 근사값을 평균해서 구한다.

$$\begin{aligned} u_{xx}(x_i, t^{n+1/2}) &= \frac{1}{2}\left(u_{xx}(x_i,t^n) + u_{xx}(x_i,t^{n+1})\right) + O(h^2) \qquad (8.22)\\ &= \frac{1}{2}\left(\frac{u_{i+1}^n - 2u_i^n + u_{i-1}^n}{h^2} + \frac{u_{i+1}^{n+1} - 2u_i^{n+1} + u_{i-1}^{n+1}}{h^2}\right)\\ &\quad + O(h^2). \end{aligned}$$

두 근사식 (8.21)와 (8.22)의 절단오차는 각각 $\mathcal{O}(k^2)$과 $\mathcal{O}(h^2)$으로 근사식의 정확도가 높기 때문에 많은 계산을 하지 않아도 수치분석에서 만족스러운 해를 얻을 수 있다. 식 (8.21)와 (8.22)의 우변을 같게 하면 다음과 같은 크랭크-니콜슨 식을 얻을 수 있다.

$$-\alpha u_{i-1}^{n+1} + 2(1+\alpha)u_i^{n+1} - \alpha u_{i+1}^{n+1} = \alpha u_{i-1}^n + 2(1-\alpha)u_i^n + \alpha u_{i+1}^n, \tag{8.23}$$

여기서 $\alpha = \frac{k}{h^2}$이다. 식 (8.23)를 행렬 형태로 표현하면 다음과 같다.

$$\begin{pmatrix} 2(1+\alpha) & -\alpha & & & & \\ -\alpha & 2(1+\alpha) & -\alpha & & & \\ & -\alpha & 2(1+\alpha) & -\alpha & & \\ & \ddots & \ddots & \ddots & & \\ & & & & 2(1+\alpha) & -\alpha \\ & & & & -\alpha & 2(1+\alpha) \end{pmatrix} \begin{pmatrix} u_2^{n+1} \\ u_3^{n+1} \\ u_4^{n+1} \\ \vdots \\ u_{Nx-2}^{n+1} \\ u_{Nx-1}^{n+1} \end{pmatrix}$$

$$= \begin{pmatrix} \alpha u_1^{n+1} + 2(1-\alpha)u_2^n + \alpha u_3^n \\ \alpha u_2^n + 2(1-\alpha)u_3^n + \alpha u_4^n \\ \alpha u_3^n + 2(1-\alpha)u_4^n + \alpha u_5^n \\ \vdots \\ 2(1-\alpha)u_{Nx-2}^n + \alpha u_{Nx-1}^n \\ \alpha u_{Nx-2}^n + 2(1-\alpha)u_{Nx-1}^n + \alpha u_{Nx}^{n+1} \end{pmatrix} = \begin{pmatrix} b_2^n \\ b_3^n \\ b_4^n \\ \vdots \\ b_{Nx-2}^n \\ b_{Nx-1}^n \end{pmatrix}. \tag{8.24}$$

위의 식 (8.24)을 간단하게 다음과 같이 표현할 수 있다.

$$\mathbf{A}\mathbf{u}^{n+1} = \mathbf{b}^n.$$

heatCN.m은 열방정식을 크랭크-니콜슨 방법에 의해 푼 MATLAB 코드이다.

```
%%%%%%%%%%%%%%%%%%%%%%%%%%%%% heatCN.m %%%%%%%%%%%%%%%%%%%%%%%%%%%%%
clear; clc; clf; Nx=12; x=linspace(0,1,Nx); h=x(2)-x(1);
T=0.1; alpha = 2; k = alpha*(h^2); Nt=round(T/k);
u(:,1)=sin(pi*x);
for i=1:Nx-2
    dd(i)= 2*(1+alpha); c(i)= - alpha; a(i)= - alpha;
```

```
end
for n=1:Nt
    d=dd;
    for i=1:Nx-2
      b(i)=alpha*u(i,n)+2*(1-alpha)*u(i+1,n)+alpha*u(i+2,n);
    end
    for i = 2:Nx-2
        xmult=a(i-1)/d(i-1);
        d(i)=d(i)-xmult*c(i-1);  b(i)=b(i)-xmult*b(i-1);
    end
    u(Nx-1,n+1) = b(Nx-2)/d(Nx-2);
    for i = Nx-3:-1:1
        u(i+1,n+1) = (b(i) - c(i)*u(i+2,n+1))/d(i);
    end
end
plot(x,u,'ko-');
xlabel('x','FontSize',20); ylabel('u(x,t)','FontSize',20)
```

위의 코드 `heatCN.m`를 실행하면 그림 8.6의 결과를 얻을 수 있다.

4.1 크랭크-니콜슨 방법의 안정성 문제 - 폰 노이만 (von Neumann) 방법

시간이 지남에 따라서

$$u_k^n = e^{i\beta kh}\xi^n \tag{8.25}$$

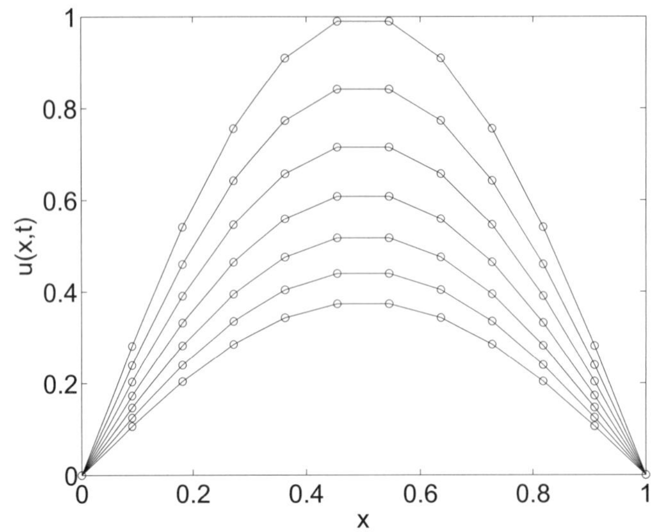

그림 8.6: 크랭크-니콜슨을 이용한 열방정식 $\alpha = 2$인 안정한 상태

이 어떻게 성장하는가 보자. 식 (8.25)를 방정식 (8.23)에 대입을 하면 다음을 얻는다.

$$
\begin{aligned}
&-\alpha e^{i\beta(k-1)h}\xi^{n+1} + (1+2\alpha)e^{i\beta kh}\xi^{n+1} - \alpha e^{i\beta(k+1)h}\xi^{n+1} \\
&\qquad = \alpha e^{i\beta(k-1)h}\xi^{n} + 2(1-\alpha)e^{i\beta kh}\xi^{n} + \alpha e^{i\beta(k+1)h}\xi^{n}, \\
&-\alpha e^{-i\beta h}\xi + (1+2\alpha)\xi - \alpha e^{i\beta h}\xi = \alpha e^{i\beta h} + 2(1-\alpha) + \alpha e^{i\beta h}, \\
&2(1+\alpha(1-\cos(\beta h)))\xi = 2(1-\alpha(1-\cos(\beta h))).
\end{aligned}
$$

따라서

$$
\xi = \frac{1 - 2\alpha \sin^2(\beta h/2)}{1 + 2\alpha \sin^2(\beta h/2)}. \tag{8.26}
$$

ξ는 모든 양수 α와 모든 β에 대해서 $\frac{1-2\alpha}{1+2\alpha} \le \xi \le 1$을 만족한다. 따라서 식 (8.23)은 무조건 안정적이다. 이는 그림 8.6으로 확인할 수 있다.

제 5 절 Prevention of spurious oscillations

5.1 크랭크-니콜슨 방법의 수치진동(numerical oscillations)

크랭크-니콜슨 방법은 약간의 계산과정을 추가함으로써 2차 정확도를 가지며 폰 노이만의 안정성 분석에 의해 무조건적으로 안정하다. 그러나 Δt가 커질수록 수치진동이 나타나는 경향이 있다. 이를 확인하기 위해 다음과 같은 문제를 생각해 보자.

$$u_t(x,t) = u_{xx}(x,t), \qquad 0 < x < 1, \qquad t > 0.$$

이때 초기조건은 $u(x,0) = 0.3H(x) + 0.4H(x-0.5)$이고, 경계조건은 $u_x(0,t) = u_x(1,t) = 0$이다. 경계조건에 의하여 모든 시간에서의 수치해 $u_0 = u_1$과 $u_{Nx+1} = u_{Nx}$이다. 이를 적용하여 행렬 형태로 표현하면 다음과 같다.

$$\begin{pmatrix} (2+\alpha) & -\alpha & & & & \\ -\alpha & 2(1+\alpha) & -\alpha & & & \\ & -\alpha & 2(1+\alpha) & -\alpha & & \\ & & \ddots & \ddots & \ddots & \\ & & & -\alpha & 2(1+\alpha) & -\alpha \\ & & & & -\alpha & (2+\alpha) \end{pmatrix} \begin{pmatrix} u_1^{n+1} \\ u_2^{n+1} \\ u_3^{n+1} \\ \vdots \\ u_{Nx-1}^{n+1} \\ u_{Nx}^{n+1} \end{pmatrix}$$

$$= \begin{pmatrix} (2-\alpha)u_1^n + \alpha u_2^n \\ \alpha u_1^n + 2(1-\alpha)u_2^n + \alpha u_3^n \\ \alpha u_2^n + 2(1-\alpha)u_3^n + \alpha u_4^n \\ \vdots \\ \alpha u_{Nx-2}^n + 2(1-\alpha)u_{Nx-1}^n + \alpha u_{Nx}^n \\ \alpha u_{Nx-1}^n + (2-\alpha)u_{Nx}^n \end{pmatrix} = \begin{pmatrix} b_1^n \\ b_2^n \\ b_3^n \\ \vdots \\ b_{Nx-1}^n \\ b_{Nx}^n \end{pmatrix}. \qquad (8.27)$$

`osc_heatCN.m`은 열방정식을 크랭크-니콜슨 방법에 의해 푼 MATLAB 코드이다.

```
%%%%%%%%%%%%%%%%%%%%%%%%%% osc_heatCN.m %%%%%%%%%%%%%%%%%%%%%%%%
clear; clc; clf; Nx=32; h=1/Nx; x=linspace(0.5*h,1-0.5*h,Nx);
for i=1:Nx
    if (x(i)<0.5)
        u(i,1)=0.3;
    else
        u(i,1)=0.7;
    end
end
plot(x,u(:,1),'k-'); hold
for iter=1:2
alpha = 0.2+9.8*(iter-1);
k = alpha*h^2;
for i=1:Nx
    dd(i)= 2*(1+alpha); c(i)= -alpha; a(i)= -alpha;
end
dd(1)=2+alpha; dd(Nx)=2+alpha;
for n=1:1
    d=dd;
    for i=2:Nx-1
      b(i)=alpha*u(i-1,n)+2*(1-alpha)*u(i,n)+alpha*u(i+1,n);
    end
    b(1)=(2-alpha)*u(1,n)+alpha*u(2,n);
    b(Nx)=alpha*u(Nx-1,n)+(2-alpha)*u(Nx,n);
    for i = 1:Nx-1
        xmult=a(i)/d(i);
        d(i+1)=d(i+1)-xmult*c(i);  b(i+1)=b(i+1)-xmult*b(i);
    end
    u(Nx,n+1) = b(Nx)/d(Nx);
```

```
    for i = Nx-1:-1:1
        u(i,n+1) = (b(i) - c(i)*u(i+1,n+1))/d(i);
    end
end
if iter==1
plot(x,u(:,2),'ko-');
else
plot(x,u(:,2),'kd-');
end
end
axis([0 1 0.2 0.8])
legend('initial condition','\alpha=0.2','\alpha=10')
xlabel('x','FontSize',20); ylabel('u(x,t)','FontSize',20)
```

위의 코드 osc_heatCN.m를 실행하면 다음의 결과를 얻을 수 있다.

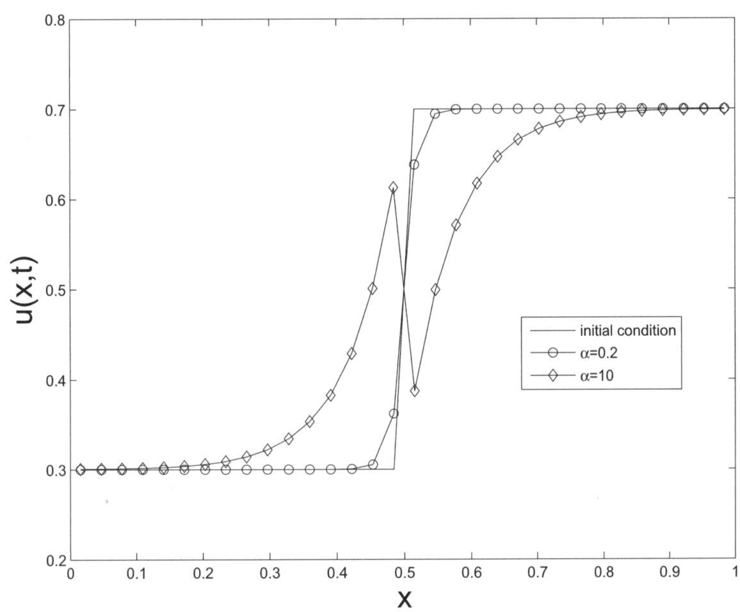

그림 8.7: 진동해. $\alpha = 0.2$ 과 $\alpha = 10$.

5.2 수치적 방법의 수치진동의 방지

열방정식의 수치해를 구하기 위해 명시적, 함축적, 크랭크-니콜슨 방법 등을 사용할 때 수치진동이 생기지 않기 위한 조건에 대하여 알아보자. 계산영역에서의 경계조건을 고려하지 않기 위해 무한 정의역(infinite domain)에서의 열방정식을 생각한다. 열방정식의 차분방정식은 다음과 같다.

$$\begin{aligned}(1+2\theta\alpha)u_i^{n+1} &= (1-\theta)\alpha u_{i-1}^n + (1-2(1-\theta)\alpha)u_i^n + (1-\theta)\alpha u_{i+1}^n \\ &\quad +\theta\alpha u_{i-1}^{n+1} + \theta\alpha u_{i+1}^{n+1}, \end{aligned} \tag{8.28}$$

여기서 $\alpha = \frac{k}{h^2} > 0$이다. $\theta = 0$이면 명시적, $\theta = 1$이면 함축적, $\theta = 1/2$이면 크랭크-니콜슨 방법이 된다. 위 식에서 u의 모든 계수들이 양수이기 위해서는 $1-2(1-\theta)\alpha > 0$을 만족하면 된다. 이 조건하에서 maximum principle을 적용할 수 있다. 따라서 다음과 같은 $u_i^{\max}$를 정의하면

$$u_i^{\max} = \max\{u_{i-1}^n, u_i^n, u_{i+1}^n, u_{i-1}^{n+1}, u_{i+1}^{n+1}\}$$

식 (8.28)은 다음과 같이 쓰여진다.

$$\begin{aligned}(1+2\theta\alpha)u_i^{n+1} &\le (1-\theta)\alpha u_i^{\max} + (1-2(1-\theta)\alpha)u_i^{\max} + (1-\theta)\alpha u_i^{\max} \\ &\quad +\theta\alpha u_i^{\max} + \theta\alpha u_i^{\max} = (1+2\theta\alpha)u_i^{\max}.\end{aligned}$$

위 식으로부터

$$u_i^{n+1} \le u_i^{\max} \tag{8.29}$$

이 되며 유사한 방법으로

$$u_i^{\min} = \min\{u_{i-1}^n, u_i^n, u_{i+1}^n, u_{i-1}^{n+1}, u_{i+1}^{n+1}\}$$

을 정의하여 minimum principle을 적용하면

$$u_i^{n+1} \ge u_i^{\min} \tag{8.30}$$

이 된다. 따라서 식 (8.29)와 (8.30)은 u_i^{n+1}에 대한 수치해에서 새로운 극대값 또는 극소값이 생기지 않음을 의미하며 이는 수치진동이 없는 해의 정의를 의미한다.

지금까지의 내용을 바탕으로 명시적, 함축적, 크랭크-니콜슨 방법을 사용할 때 수치진동이 생기지 않기 위해서는 각각 $\alpha < 1/2$, α는 모든 실수, $\alpha < 1$을 만족하면 된다.

제 6 절 Convergence 테스트

국소절단오차(local truncation error)는 연속해가 노드점에서 수치적 방법을 만족하지 못하는 차이를 측정한 것이다. 수치 기법의 국소절단오차는 연속적인 문제의 정확한 해를 이산적인 수치기법에 대입함으로써 발생한다. $u(x_i, t^n)$는 열방정식의 정확한 해를 나타낸다.

다음은 정확한 해를 수치기법에 대입함으로써 명시적 유한차분법의 국소절단오차를 찾는 과정이다. 노드 (x_i, t^n)에서 국소절단오차는 다음과 같이 구한다.

$$T(x_i, t^n) = \frac{u(x_i, t^{n+1}) - u(x_i, t^n)}{k} - \frac{u(x_{i+1}, t^n) - 2u(x_i, t^n) + u(x_{i-1}, t^n)}{h^2}.$$

이제 노드(x_i, t^n)에서 테일러전개를 하면 각각의 항을 다음과 같이 나타낼 수 있다.

$$\begin{aligned} T(x_i, t^n) &= u_t(x_i, t^n) + \frac{k}{2} u_{tt}(x_i, t^n) + \mathcal{O}(k^2) \\ &\quad - u_{xx}(x_i, t^n) + \frac{h^2}{12} u_{xxxx}(x_i, t^n) + \mathcal{O}(h^4). \end{aligned}$$

여기서 $u(x_i, t^n)$은 열방정식을 만족하므로 다음이 성립한다.

$$\begin{aligned} T(x_i, t^n) &= \frac{k}{2} u_{tt}(x_i, t^n) + \frac{h^2}{12} u_{xxxx}(x_i, t^n) + \mathcal{O}(k^2) + \mathcal{O}(h^4) \\ &= \mathcal{O}(k) + \mathcal{O}(h^2). \end{aligned} \tag{8.31}$$

수치적 해가 수렴하기 위해 필요한 조건은 수치기법의 국소절단오차가 공간간격과 시간간격을 줄일수록 0에 근사해야 한다는 것이다. 이럴 경우에 수치기법이 일관적(consistent)이라고 한다. 정확도의 차수(order of accuracy)는 절단오차항에서 h와 k의 승수의 차수로 정의된다. 절단오차항을 $\mathcal{O}(k^l + h^m)$로 가정하면 수치기법이 l차 시간 정확(lth order time accurate)하고 m차 공간 정확(mth order space accurate)하다고 한다. 식 (8.31)으로부터 명시적 유한차분법은 1차 시간 정확하고 2차 공간 정확함을 알 수 있다.

전체 계산영역에서 벡터 형태로 주어지는 국소절단오차의 크기를 계산하기 위해 사용하는 이산적 노름(norm)의 종류에는 $|| \, ||_2$, $|| \, ||_\infty$ 등이 있다.

$$||\mathbf{T}^n||_2 = \frac{1}{N_x}\sqrt{\sum_{i=1}^{N_x}(T_i^n)^2}, \quad ||\mathbf{T}^n||_\infty = \max_{i\in\{1,2,\ldots,N_x\}} |T_i^n|.$$

여기서 $\mathbf{T}^n = (T_1^n, T_2^n, \ldots, T_{N_x}^n)$이고 $T_i^n = T(x_i, t^n)$이다.

6.1 Convergence rate

주어진 이산방법의 정확도(order of accuracy)를 측정하기 위해 사용하는 이산오차의 convergence rate에 대하여 알아보자.
이산오차는 격자 크기 h의 함수이다:

$$E = E(h).$$

Consistent 방법에 대하여 해의 이산오차 E는 h^p에 비례한다. 여기서 $p > 0$은 이산알고리즘의 이론적 정확도이다. 즉,

$$E = Ch^p + H.$$

여기서 C는 h와 독립적인 상수이고 H는 p보다 큰 higher order 항을 가리킨다. 해가 충분히 매끄럽다고 가정할 경우, 오차의 이러한 설명은 유한차분법, 유한체적법, 유한요소법과 같은 모든 consistent 이산방법에 적용된다. 만일 $p > 0$면, 이산방법은 consistent하고 이것은 h가 0으로 갈 때 연속적인 방정식이 recover됨을 의미한다. 만일 이산방법이 코드에서 올바르게 구현되었다면, 관측 정확도는 이론적 정확도와 일치할 것이다.
코드의 관측 정확도를 측정하기 위해 h가 0으로 감소함에 따라 이산오차의 첫 번째 항이 higher order 항을 지배한다(dominate)는 가정에 의거한다. 이것은 해의 asymptotic 영역에 있다는 가정과 같다. 두 개의 다른 격자에서의 이산오차 $E(h_1)$과 $E(h_2)$는 검증 테스트 문제에서 수치해로부터 얻어진다. 만일 h_1은 크기가 h인 격자이고 h_2는 크기가 h/r인 격자라고 하면 (여기서 r은 세분화율이다), 이산오차는 다음과 같은 형태를 지닌다

$$E(h_1) \approx Ch^p, \quad E(h_2) \approx C\left(\frac{h}{r}\right)^p.$$

따라서 이산오차율은

$$\frac{E(h_1)}{E(h_2)} = r^p$$

이고 관측 정확도 p는 다음으로부터 측정한다.

$$p = \frac{\log\left(\frac{E(h_1)}{E(h_2)}\right)}{\log(r)}.$$

6.2 명시적 유한차분법

열방정식의 명시적 유한 차분법의 수렴성을 알아보기 위해 다음의 테스트를 수행해 보자.

```
%%%%%%%%%%%%%%%%%%%%%% heatex_convergence_test.m %%%%%%%%%%%%%%%%%
clear; clc; T=0.1; alpha=0.1;
for iter=1:5
   N=10*2^(iter-1)+1; x=linspace(0,1,N); h=x(2)-x(1);
   k=alpha*h^2; Nt=round(T/k); u(1:N,1:Nt+1)=0;
   u(:,1)=sin(pi*x); exact=u(:,1)*exp(-pi^2*T);
   for n=1:Nt
       for i=2:N-1
      u(i,n+1)=alpha*u(i-1,n)+(1-2*alpha)*u(i,n)+alpha*u(i+1,n);
       end
   end
   hh(iter)=h; tt(iter)=k;
   err(iter) = max(abs(u(:,Nt+1) - exact));
end
Order=[log(err(1)/err(2))/log(2) log(err(2)/err(3))/log(2)
      log(err(3)/err(4))/log(2) log(err(4)/err(5))/log(2)]';
fprintf('---------------------------------------------\n')
fprintf('    h            dt       max error      order  \n')
```

```
fprintf('------------------------------------------------\n')
fprintf('%8.5f    %8.6f    %8.6f \n',hh(1), tt(1) ,err(1))
for iter = 2:5
fprintf('%8.5f    %8.6f    %8.6f     %8.6f \n',hh(iter),...
    tt(iter), err(iter),Order(iter-1))
end
fprintf('------------------------------------------------\n')
```

초기조건은 $u(x,0) = \sin(x)$, $T = 0.1$, $\alpha = 0.1$, $h = 1/N$, $\Delta t = \alpha h^2$ 이다. MATLAB 코드 heatex_convergence_test.m을 실행하면 다음의 결과를 얻을 수 있다. 수렴성이 2차로 나오지만 시간 간격을 공간 간격보다 제곱의 제한을 두었다는 것을 고려해 보면 결과는 시간에 대해서는 1차 공간에 대해서는 2차의 수렴성을 갖는다고 볼 수 있다.

```
------------------------------------------------
   h           dt        max error       order
------------------------------------------------
 0.10000    0.001000    0.001220
 0.05000    0.000250    0.000303     2.008865
 0.02500    0.000063    0.000076     2.002218
 0.01250    0.000016    0.000019     2.000555
 0.00625    0.000004    0.000005     2.000139
------------------------------------------------
```

6.3 함축적 유한차분법

열방정식의 함축적 유한 차분법의 수렴성을 알아보기 위해 다음의 테스트를 수행해 보자.

```
%%%%%%%%%%%%%%%%%%% heatim_convergence_test.m %%%%%%%%%%%%%%%%%
clear; clc; T=0.1; alpha=0.1;
```

```
for iter=1:5
   N=10*2^(iter-1)+1; x=linspace(0,1,N); h=x(2)-x(1);
   k=alpha*h^2; Nt=round(T/k); u(1:N,1:Nt+1)=0;
   u(:,1)=sin(pi*x); exact=u(:,1)*exp(-pi^2*T);
   for i=1:N-2
      dd(i)= 1 + 2*alpha; c(i)= -alpha; a(i)= -alpha;
   end
   for n=1:Nt
      d=dd;
      for i=1:N-2
         b(i)=u(i+1,n);
      end
      for i=2:N-2
         xmult= a(i-1)/d(i-1);
         d(i) = d(i) - xmult*c(i-1);
         b(i) = b(i) - xmult*b(i-1);
      end
      u(N-1,n+1) = b(N-2)/d(N-2);
      for i = N-3:-1:1
         u(i+1,n+1) = (b(i) - c(i)*u(i+2,n+1))/d(i);
      end
   end
   hh(iter)=h; tt(iter)=k;
   err(iter) = max(abs(u(:,Nt+1) - exact));
end
Order=[log(err(1)/err(2))/log(2) log(err(2)/err(3))/log(2) ...
      log(err(3)/err(4))/log(2) log(err(4)/err(5))/log(2)]';
fprintf('-----------------------------------------------\n')
fprintf('    h           dt         max error      order  \n')
```

```
fprintf('-----------------------------------------------\n')
fprintf('%8.5f    %8.6f     %8.6f      \n',hh(1),tt(1),err(1))
for iter = 2:5
fprintf('%8.5f    %8.6f     %8.6f      %8.6f \n', ...
   hh(iter),tt(iter), err(iter),Order(iter-1))
end
fprintf('-----------------------------------------------\n')
```

초기조건은 $u(x,0) = \sin(x)$, $T = 0.1$, $\alpha = 0.1$, $h = 1/N$, $\Delta t = \alpha h^2$ 이다. MATLAB 코드 heatim_convergence_test.m을 실행하면 다음의 결과를 얻을 수 있다.

```
-----------------------------------------------
   h          dt          max error       order
-----------------------------------------------
 0.10000    0.001000    0.004820
 0.05000    0.000250    0.001209        1.995470
 0.02500    0.000063    0.000302        1.998865
 0.01250    0.000016    0.000076        1.999716
 0.00625    0.000004    0.000019        1.999929
-----------------------------------------------
```

6.4 크랭크-니콜슨 유한차분법

열방정식의 크랭크-니콜슨 유한 차분법의 수렴성을 알아보기 위해 다음의 테스트를 수행해보자.

```
%%%%%%%%%%%%%%%%%%%% heatcn_convergence_test.m %%%%%%%%%%%%%%%%%%
clear; clc; T=0.1;
for iter=1:5
   N=10*2^(iter-1)+1; x=linspace(0,1,N); h=x(2)-x(1);
```

```
    k=h/500; Nt=round(T/k); alpha = k/h^2; u(1:N,1:Nt+1)=0;
    u(:,1)=sin(pi*x); exact=u(:,1)*exp(-pi^2*T);
    for i=1:N-2
        dd(i)= 2*(1+alpha); c(i)= -alpha; a(i)= -alpha;
    end
     for n=1:Nt
         d=dd;
         for i=1:N-2
           b(i)=alpha*u(i,n)+2*(1-alpha)*u(i+1,n)+alpha*u(i+2,n);
         end
         for i = 2:N-2
           xmult=a(i-1)/d(i-1);
           d(i)=d(i)-xmult*c(i-1); b(i)=b(i)-xmult*b(i-1);
         end
         u(N-1,n+1) = b(N-2)/d(N-2);
         for i = N-3:-1:1
             u(i+1,n+1) = (b(i) - c(i)*u(i+2,n+1))/d(i);
         end
     end
    hh(iter)=h; tt(iter)=k;
    err(iter) = max(abs(u(:,Nt+1) - exact));
end
Order=[log(err(1)/err(2))/log(2) log(err(2)/err(3))/log(2)
       log(err(3)/err(4))/log(2) log(err(4)/err(5))/log(2)]';
fprintf('-----------------------------------------------\n')
fprintf('    h          dt          max error      order   \n')
fprintf('-----------------------------------------------\n')
fprintf('%8.5f    %8.6f      %8.6f        \n',hh(1), ...
        tt(1) ,err(1))
```

```
for iter = 2:5
fprintf('%8.5f    %8.6f     %8.6f      %8.6f \n', ...
        hh(iter),tt(iter), err(iter),Order(iter-1))
end
fprintf('-----------------------------------------------\n')
```

초기조건은 $u(x,0) = \sin(x)$, $T = 0.1$, $\alpha = 0.1$, $h = 1/N$, $\Delta t = \alpha h^2$ 이다. MATLAB 코드 heatcn_convergence_test.m을 실행하면 다음의 결과를 얻을 수 있다.

```
-----------------------------------------------
    h          dt          max error      order
-----------------------------------------------
 0.10000    0.000200    0.003028
 0.05000    0.000100    0.000756      2.000819
 0.02500    0.000050    0.000189      2.000207
 0.01250    0.000025    0.000047      2.000052
 0.00625    0.000013    0.000012      2.000013
-----------------------------------------------
```

9장

열방정식에 대한 유한 요소법

이 장에서는 열방정식의 수치해를 유한 차분법과는 다른 유한 요소법으로 구하는 방법을 소개하고자 한다. 1차원 열방정식은 다음과 같다.

$$u_t(x,t) = u_{xx}(x,t),\ 0 < x < 1,\ t > 0. \tag{9.1}$$

초기조건은 $u(x,0) = \sin(\pi x)$로 두고 경계조건을 $u(0,t) = u(1,t) = 0$인 경우에 대해서 풀도록 한다. 한편 초기 및 경계조건으로부터 식 (9.1)은 $u(x,t) = \sin(\pi x)e^{-\pi^2 t}$의 유일한 정확해를 갖는다.

제 1 절 유한 요소법 (Finite Element Method, FEM)

유한 요소법은 수치적인 해를 구하는 주요한 방법 중 하나이다. 복잡한 영역 또는 시간에 따라 변하는 영역에서의 편미분 방정식을 풀고자 할 때 접근이 쉽다는 장점을 갖고 있다. 유한 요소법은 문제의 영역(domain)을 부분영역(subdomain)으로 나눌 필요가 있고, 그 부분영역을 유한 요소(finite element)라 한다. 그러므로 문제 영역은 많은 유한 요소로 구성되어 있다.

이 장에서는 근사해를 구하기 위해 다음과 같은 격자(Mesh)를 정의하도록 한다. 구간 $[0,1]$을 N_x-1등분하고 마디점을 x_i, 두 점 사이의 간격을 $h_i = x_{i+1}-x_i$라 하자. 그리고 x_i와 x_{i+1}사이의 선분을 i번째 요소(element)라 정의한다.

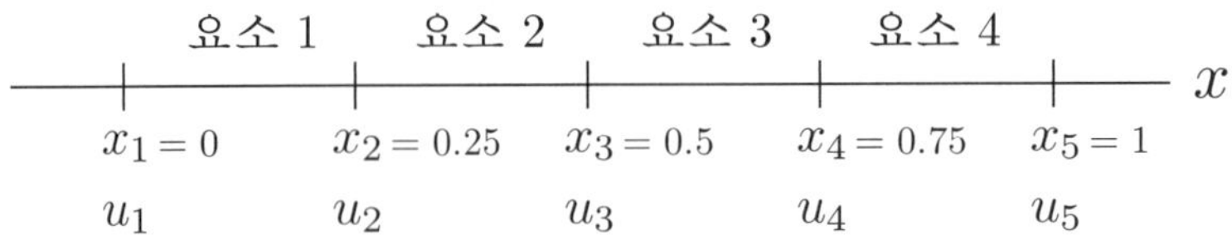

그림 9.1: 4개의 등간격 요소를 갖는 유한 요소 격자

편미분 방정식으로부터 직접 유한 요소 방정식을 유도할 경우 가중 잔여(weighted residual) 방법이 많이 사용된다. 가중 잔여 방법은 잔여(residual) r에 가중 함수(weighting function) ω를 곱하고 적분하여 원하는 영역에서 그 결과값이 0이 되도록 하는 방법이다. 식 (9.1)의 잔여는 $r = \widetilde{u}_t - \widetilde{u}_{xx}$로 주어지며 다음과 같은 식을 얻는다.

$$I = \int_0^1 r\omega \, dx = \int_0^1 (\widetilde{u}_t - \widetilde{u}_{xx})\omega \, dx = 0 \tag{9.2}$$

여기서 $\widetilde{u}$를 시도 함수(trial function)라 한다. 유한 요소법에서는 시도 함수에 따라서 정확도에 영향을 주기 때문에 시도 함수의 적절한 적용은 매우 중요하다. 여기서는 구분적으로 연속적인 시도 함수(piecewise continuous trial function)을 소개하도록 한다. 먼저 각 마디점 x_i에 대해서 구분적인 선형 함수(piecewise linear function)를 다음과 같이 정의한다.

$$\phi_i(x) = \begin{cases} (x - x_{i-1})/h_i, & x_{i-1} \le x \le x_i, \\ (x_{i+1} - x)/h_{i+1}, & x_i \le x \le x_{i+1}, \\ 0, & \text{otherwise.} \end{cases}$$

그리고 시도 함수를 다음과 같이 생각할 수 있다.

$$\widetilde{u} = u_1\phi_1 + u_2\phi_2 + \cdots + u_{N_x}\phi_{N_x}. \tag{9.3}$$

위 시도 함수 $\widetilde{u}$의 각 마디점 x_i의 미지 계수 u_i를 구하면 유한 요소법을 이용한 수치적인 해 $\widetilde{u}$를 얻을 수 있다. 하지만 식 (9.2)의 적분을 계산하기 위해서는 가중 함수가 필요하다. 가중 함수는 시험 함수(test function)라고 하기도 하는데, 어떤 함수를 사용하였는지에 따라서 Collocation, Least Squares, 그리고 Galerkin 방법이라고 한다. 이 책에서는 Galerkin 방법에 대해서만 언급하도록 한다. Galerkin 방법은 정해진 시도 함수로부터 얻어지는 가중(시험) 함수를 이용한다. 즉,

$$\omega_i = \frac{d\widetilde{u}}{da_i},\ \omega = \omega_1 + \omega_2 \cdots + \omega_{N_x} \tag{9.4}$$

를 적용하여 적분값을 계산하는 방법을 말한다. 여기서 a_i는 시도 함수의 미지 계수이다. 주어진 시도 함수 $\widetilde{u}$와 시험 함수 ω를 식 (9.2)에 대입하여 적분값을 계산하고 미지 계수 a_i를 구하면 된다. 하지만 주어진 시도 함수 $\widetilde{u}$는 선형 함수기 때문에 식 (9.2)에서 $\widetilde{u}_{xx}$의 두 번 미분이 불가능하다. 식 (9.2)에 부분적분을 적용하면 지배 방정식의 차수를 낮출 수 있고 그렇게 얻어진 방정식을 약형(weak formulation)이라고 한다. 원래의 식 (9.2)은 가중 잔여 방법의 강형(strong formulation)이라 한다. 열방정식을 약형으로 표현하면 다음과 같다.

$$\begin{aligned} I &= \int_0^1 \omega \frac{d\widetilde{u}}{dt} dx + \int_0^1 \omega \frac{d^2\widetilde{u}}{dx^2} dx \\ &= \int_0^1 \omega \frac{d\widetilde{u}}{dt} dx - \int_0^1 \frac{d\omega}{dx}\frac{d\widetilde{u}}{dx} dx + \left[\omega \frac{d\widetilde{u}}{dx}\right]_0^1 = 0. \end{aligned} \tag{9.5}$$

주어진 경계 조건에 의해서 식 (9.5)의 세 번째 항은 0으로 지워지게 되어 다음과 같은 방정식을 얻게 된다.

$$I = \int_0^1 \omega \frac{d\widetilde{u}}{dt} dx - \int_0^1 \frac{d\omega}{dx}\frac{d\widetilde{u}}{dx} dx = 0. \tag{9.6}$$

이제 주어진 시도 함수 $\widetilde{u}$와 시험 함수 ω를 적용하여 계산할 수 있지만 계산의 편의를 위해서 각 요소의 관점에서 유한 요소 연립방정식을 얻는 방법을 알아보도록 하자. 먼저 각 i번째 요소에서 다음과 같이 선형 모양 함수(linear shape function)를 정의한다.

$$H_1(x) = \frac{x_{i+1} - x}{h_i}, \quad H_2(x) = \frac{x - x_i}{h_i}. \tag{9.7}$$

선형 모양 함수는 앞에서 소개한 식 (9.3)을 i번째 요소에서만 생각했을 때의 함수의 형태이다. i번째 마디점 x_i와 연관된 모양함수는 i번째 마디점에서 함수값 1을 갖고 다른 마디점에서는 0을 갖는다. 즉,

$$H_1(x_i) = 1, \quad H_1(x_{i+1}) = 0, \quad H_2(x_i) = 0, \quad H_2(x_{i+1}) = 1$$

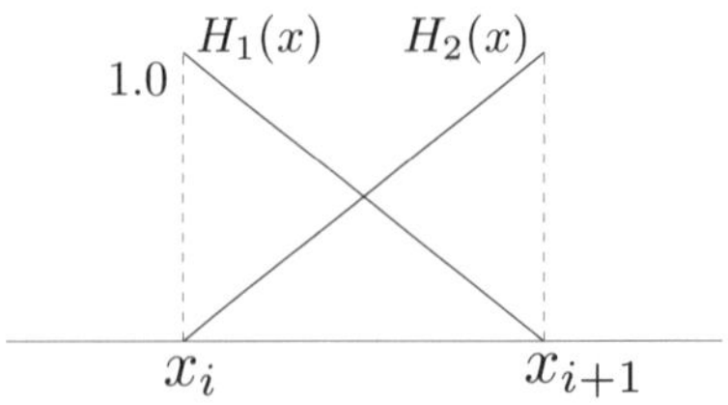

그림 9.2: 선형 모양 함수

를 만족한다. 그리고 x_i와 x_{i+1}사이에서 모양 함수의 합은 1이다.

$$\sum_{i=1}^{2} H_i(x) = 1$$

요소의 관점에서 식 (9.2)은 다음과 같이 생각할 수 있다.

$$I = \sum_{i=1}^{N_x-1} \int_{x_i}^{x_{i+1}} \omega \frac{d\widetilde{u}}{dt} dx - \sum_{i=1}^{N_x-1} \int_{x_i}^{x_{i+1}} \frac{d\omega}{dx}\frac{d\widetilde{u}}{dx} dx = 0 \tag{9.8}$$

첫번째 급수의 각 항을 식 (9.7)에 있는 선형 모양 함수를 이용하여 나타내면 요소 i에 대한 요소 행렬(element matrix)은 다음과 같아진다.

$$[K_i] := \int_{x_i}^{x_{i+1}} \left(\begin{bmatrix} H_1' \\ H_2' \end{bmatrix} [H_1' H_2'] \right) dx = \int_{x_i}^{x_{i+1}} \begin{bmatrix} H_1'H_1' & H_1'H_2' \\ H_2'H_1' & H_2'H_2' \end{bmatrix} dx$$

여기서 H'은 x에 대한 미분을 나타낸다. 적분을 계산하면

$$\int_{x_i}^{x_{i+1}} \begin{bmatrix} H_1'H_1' & H_1'H_2' \\ H_2'H_1' & H_2'H_2' \end{bmatrix} dx = \int_{x_i}^{x_i+h_i} \begin{bmatrix} \frac{1}{h_i^2} & -\frac{1}{h_i^2} \\ -\frac{1}{h_i^2} & \frac{1}{h_i^2} \end{bmatrix} dx = \frac{1}{h_i} \begin{bmatrix} 1 & -1 \\ -1 & 1 \end{bmatrix}$$

를 얻게 되고 정리하면

$$[K_i] = \frac{1}{h_i} \begin{bmatrix} 1 & -1 \\ -1 & 1 \end{bmatrix}$$

이 된다. 그리고 두번째 급수에서 각 항의 요소 i에 대한 요소 행렬은 다음과 같아진다.

$$[M_i] := \int_{x_i}^{x_{i+1}} \left(\begin{bmatrix} H_1 \\ H_2 \end{bmatrix} [H_1 H_2] \right) dx = \int_{x_i}^{x_{i+1}} \begin{bmatrix} H_1 H_1 & H_1 H_2 \\ H_2 H_1 & H_2 H_2 \end{bmatrix} dx$$

이다. 각 성분의 적분을 계산하면 다음과 같다.

$$\begin{aligned} \int_{x_i}^{x_{i+1}} H_1 H_1 dx &= \int_{x_i}^{x_{i+1}} \frac{(x_{i+1}-x)^2}{h_i^2} dx = \frac{1}{h_i^2} \left[\frac{(x_{i+1}-x)^3}{3} \right]_{x_i}^{x_{i+1}} = \frac{h_i}{3}, \\ \int_{x_i}^{x_{i+1}} H_2 H_2 dx &= \int_{x_i}^{x_{i+1}} \frac{(x-x_i)^2}{h_i^2} dx = \frac{1}{h_i^2} \left[\frac{(x-x_i)^3}{3} \right]_{x_i}^{x_{i+1}} = \frac{h_i}{3}, \\ \int_{x_i}^{x_{i+1}} H_1 H_2 dx &= \int_{x_i}^{x_{i+1}} -\frac{(x-x_i)(x-x_{i+1})}{h_i^2} dx = \frac{1}{h_i^2} \frac{(x_{i+1}-x_i)^3}{6} = \frac{h_i}{6}. \end{aligned}$$

위 적분을 적용하면

$$[M_i] = \frac{h_i}{6} \begin{bmatrix} 2 & 1 \\ 1 & 2 \end{bmatrix}$$

이 된다. 그러므로 각 요소에 대한 방정식은 다음과 같이 정리할 수 있다.

$$[M_i] \begin{bmatrix} u_i \\ u_{i+1} \end{bmatrix}_t + [K_i] \begin{bmatrix} u_i \\ u_{i+1} \end{bmatrix} = \begin{bmatrix} f_i \\ f_{i+1} \end{bmatrix} \tag{9.9}$$

여기서 f_i는 경계조건에 의해서 계산된다. 식 (9.9)을 식 (9.8)과 비교하면

$$\begin{aligned} \int_{x_i}^{x_{i+1}} \omega \frac{d\tilde{u}}{dt} dx &\equiv [M_i] \begin{bmatrix} u_i \\ u_{i+1} \end{bmatrix}_t \\ \int_{x_i}^{x_{i+1}} \frac{d\omega}{dx} \frac{d\tilde{u}}{dx} dx &\equiv [K_i] \begin{bmatrix} u_i \\ u_{i+1} \end{bmatrix} \end{aligned}$$

의 관계가 있다. 시도 함수의 미지 계수와 미지 계수의 시간에 대한 미분을 각각 $U = [u_1, u_2, \cdots, u_{N_x}]^T$, $U_t = [\frac{du_1}{dt}, \frac{du_2}{dt}, \cdots, \frac{du_{N_x}}{dt}]^T$로 정의하면 급수에 의해서 최종 행렬 $[M]$과 $[K]$를 얻을 수 있게 된다. 따라서 최종 행렬 방정식은

$$[M]U_t + [K]U = F \tag{9.10}$$

의 형태를 갖는다. 여기서 F는 근원(source)벡터라 하는데, 식 (9.5)의 세 번째 항이 0이므로 다음과 같이 정리할 수 있다.

$$[M]U_t + [K]U = 0$$

위 식에서 행렬 $[M]$과 $[K]$는 시간에 대하여 독립적이다. 위와 같이 유한 요소법을 이용하면 열방정식이 상미분방정식으로 변형된다. 이 방정식의 시간 미분에 대해서는 유한 차분법을 사용한다.

위의 방정식을 풀기 위한 단계를 정리하면 다음과 같다.

1. 입력 데이터를 읽고 적절한 배열 크기를 할당한다.
2. 모든 요소에 대하여 요소 행렬과 벡터를 계산한다.
3. 요소 행렬과 벡터를 모아서 시스템 행렬과 벡터를 만든다.
4. 시스템 행렬과 벡터에 경계조건을 적용한다.
5. 주된 마디점 변수에 대하여 행렬 방정식을 푼다.

위의 내용을 바탕으로 열방정식에 대한 근사해를 명시적, 함축적, 크랭크-니콜슨 유한 요소법을 이용하여 구해보자.

제 2 절 Explicit 유한 요소법

시간 미분에 대한 전방차분은 다음과 같이 표현된다.

$$U_t^n = \frac{U^{n+1} - U^n}{k}.$$

여기서 k는 시간 간격(time step)이라 한다. 이 식을 식 (9.10)에 대입하면

$$[M]\frac{U^{n+1} - U^n}{k} + [K]U^n = F^n$$

이 되고, 정리하면 다음과 같은 명시적(explicit) 유한 요소법을 얻는다.

$$[M]U^{n+1} = k(F^n - [K]U^n) + [M]U^n$$

이 식은 주어진 초기조건 U^0과 경계조건 F^n으로부터 풀 수 있다.

femex.m은 시간에 따른 열방정식의 해를 나타내는 MATLAB 코드이다.

```
%%%%%%%%%%%%%%%%%%%%%%%% femex.m %%%%%%%%%%%%%%%%%%%%%%%%%%%%
clear; clc; clf; Nx=20; nel=Nx-1; nnel=2; ndof=1; nnode=Nx;
sdof=nnode*ndof; deltt=0.001; ntime=20;
for i=1:nnode
    gcoord(i)=(i-1)*(1/nel);
end
for i=1:nel
    nodes(i,1)=i; nodes(i,2)=i+1;
end
bcdof(1)=1; bcval(1)=0; bcdof(2)=nnode; bcval(2)=0;
ff=zeros(sdof,1); fn=zeros(sdof,1); fsol=zeros(sdof,1);
kk=zeros(sdof,sdof); mm=zeros(sdof,sdof);
index=zeros(nnel*ndof,1);
for iel=1:nel
    nd(1)=nodes(iel,1); nd(2)=nodes(iel,2);
    x1=gcoord(nd(1)); x2=gcoord(nd(2)); eleng=x2-x1;
    edof=nnel*ndof; start=(iel-1)*(nnel-1)*ndof;
    for i=1:edof
        index(i)=start+i;
    end
    a1=1/eleng;
    k=[ a1  -a1; -a1  a1];
    b1=eleng/6;
```

```
    m=b1*[ 2  1; 1  2];
    edof=length(index);
    for i=1:edof
        ii=index(i);
        for j=1:edof
            jj=index(j); kk(ii,jj)=kk(ii,jj)+k(i,j);
        end
    end
    edof=length(index);
    for i=1:edof
        ii=index(i);
        for j=1:edof
            jj=index(j); mm(ii,jj)=mm(ii,jj)+m(i,j);
        end
    end
end
for in=1:sdof
    fsol(in,1)=sin(pi*gcoord(in));
end
kk=mm+deltt*kk;
for it=1:ntime
    fn=deltt*ff+mm*fsol(:,it);
    n=length(bcdof);
    sdof=size(kk);
    for i=1:n
        c=bcdof(i);
        for j=1:sdof
            kk(c,j)=0;
        end
```

```
          kk(c,c)=1; fn(c)=bcval(i);
      end
      fsol(:,it+1)=kk\fn;
end
for j=1:ntime+1
      for i=1:nnode
          x=gcoord(i);
          esol(i,j)=sin(pi*gcoord(i))*exp(-pi^2*(j-1)*deltt);
      end
end
plot(gcoord,fsol(:,ntime+1),'ko')
hold on
plot(gcoord,esol(:,ntime+1),'k-')
legend('numerical solution','exact solution')
```

femex.m을 실행하면 다음과 같은 결과를 얻을 수 있다.

제 3 절 Implicit 유한 요소법

시간 미분에 대한 후방차분은 다음과 같이 표현된다.

$$U_t^{n+1} = \frac{U^{n+1} - U^n}{k}.$$

여기서 k는 시간 간격(time step)이라 한다. 이 식을 식 (9.10)에 대입하면

$$[M]\frac{U^{n+1} - U^n}{k} + [K]U^{n+1} = F^{n+1}$$

이 되고, 정리하면 다음과 같은 함축적(implicit) 유한 요소법을 얻는다.

$$([M] + k[K])U^{n+1} = kF^{n+1} + [M]U^n$$

femim.m은 시간에 따른 열방정식의 해를 나타내는 MATLAB 코드이다.

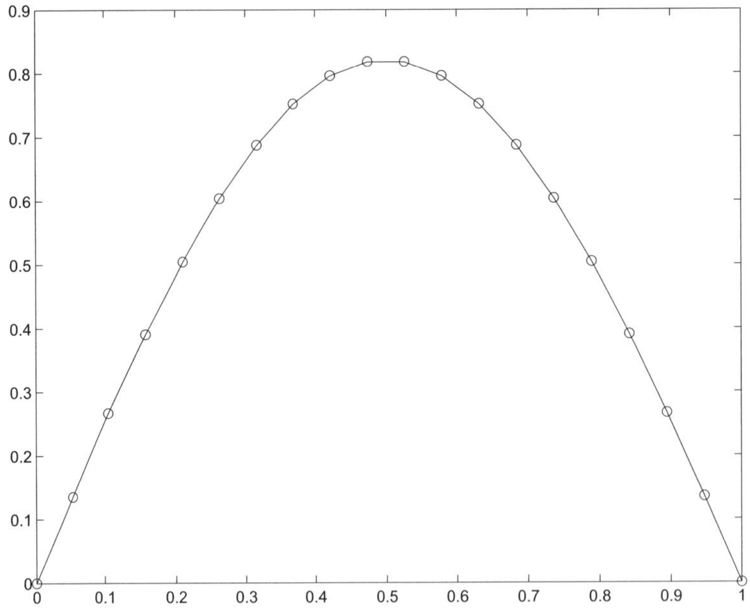

그림 9.3: 명시적 유한 요소법을 이용한 결과

```
%%%%%%%%%%%%%%%%%%%%%%%%%%%%% forw_fem.m %%%%%%%%%%%%%%%%%%%%%%%%%
clear; clc; clf; Nx=20; nel=Nx-1; nnel=2; ndof=1; nnode=Nx;
sdof=nnode*ndof; deltt=0.001; ntime=20;
for i=1:nnode
    gcoord(i)=(i-1)*(1/nel);
end
for i=1:nel
    nodes(i,1)=i; nodes(i,2)=i+1;
end
bcdof(1)=1; bcval(1)=0; bcdof(2)=nnode; bcval(2)=0;
ff=zeros(sdof,1); fn=zeros(sdof,1); fsol=zeros(sdof,1);
kk=zeros(sdof,sdof); mm=zeros(sdof,sdof);
index=zeros(nnel*ndof,1);
for iel=1:nel
```

```
        nd(1)=nodes(iel,1); nd(2)=nodes(iel,2);
        x1=gcoord(nd(1)); x2=gcoord(nd(2)); eleng=x2-x1;
        edof=nnel*ndof; start=(iel-1)*(nnel-1)*ndof;
        for i=1:edof
            index(i)=start+i;
        end
        a1=1/eleng;
        k=[ a1  -a1; -a1  a1];
        b1=eleng/6;
        m=b1*[ 2  1; 1  2];
        edof=length(index);
        for i=1:edof
            ii=index(i);
            for j=1:edof
                jj=index(j); kk(ii,jj)=kk(ii,jj)+k(i,j);
            end
        end
        edof=length(index);
        for i=1:edof
            ii=index(i);
            for j=1:edof
                jj=index(j); mm(ii,jj)=mm(ii,jj)+m(i,j);
            end
        end
    end
    for in=1:sdof
        fsol(in,1)=sin(pi*gcoord(in));
    end
    for it=1:ntime
```

```
    fn=deltt*ff+(mm-deltt*kk)*fsol(:,it);
    n=length(bcdof);
    sdof=size(mm);
    for i=1:n
        c=bcdof(i);
        for j=1:sdof
            mm(c,j)=0;
        end
        mm(c,c)=1; fn(c)=bcval(i);
    end
    fsol(:,it+1)=mm\fn;
end
for j=1:ntime+1
    for i=1:nnode
        x=gcoord(i);
        esol(i,j)=sin(pi*gcoord(i))*exp(-pi^2*(j-1)*deltt);
    end
end
plot(gcoord,fsol(:,ntime+1),'ko')
hold on
plot(gcoord,esol(:,ntime+1),'k-')
legend('numerical solution','exact solution')
```

femim.m을 실행하면 다음과 같은 결과를 얻을 수 있다.

제 4 절 Crank-Nicolson 유한 요소법

시간 미분에 대한 크랭크-니콜슨 방법을 적용하면 다음과 같이 표현된다.

$$U_t^{n+\frac{1}{2}} = \frac{U^{n+1} - U^n}{k}.$$

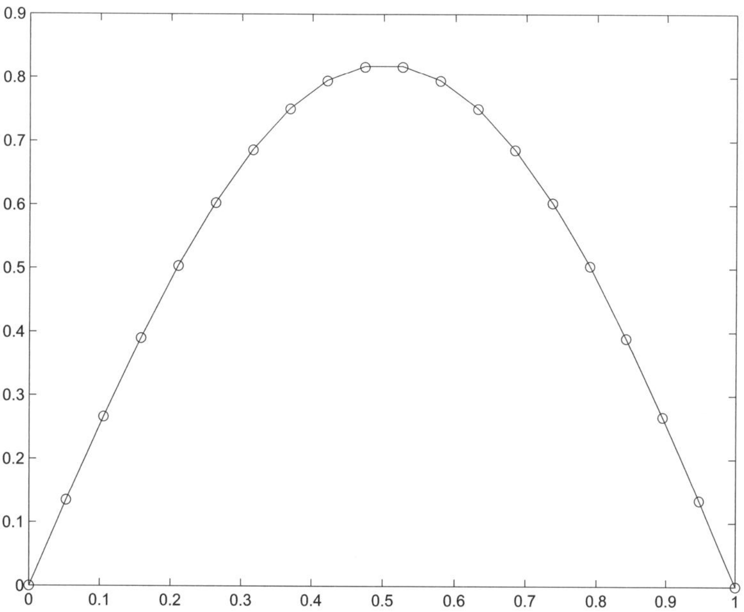

그림 9.4: 함축적 유한 요소법을 이용한 결과

여기서 k는 시간 간격(time step)이라 한다. 그리고 아래와 같이 계수 벡터 U와 근원 벡터 F의 $n+\frac{1}{2}$에서의 값을 정의한다

$$
\begin{aligned}
U^{n+\frac{1}{2}} &= \frac{1}{2}(U^n + U^{n+1}), \\
F^{n+\frac{1}{2}} &= \frac{1}{2}(F^n + F^{n+1}).
\end{aligned}
$$

위 식들을 식 (9.10)에 대입하면

$$
[M]\frac{U^{n+1}-U^n}{k} + [K]U^{n+\frac{1}{2}} = F^{n+\frac{1}{2}},
$$

$$
[M]\frac{U^{n+1}-U^n}{k} + [K]\frac{(U^n+U^{n+1})}{2} = \frac{(F^n+F^{n+1})}{2},
$$

이 되고, 정리하면 다음과 같은 크랭크-니콜슨(Crank-Nicolson) 유한 요소법을 얻는다.

$$(2[M] + k[K])U^{n+1} = k(F^n + F^{n+1}) + (2[M] - k[K])U^n$$

femCN.m은 시간에 따른 열방정식의 해를 나타내는 MATLAB 코드이다.

```
%%%%%%%%%%%%%%%%%%%%%% CN_fem.m %%%%%%%%%%%%%%%%%%%%%%%%%%%%
clear; clc; clf; Nx=20; nel=Nx-1; nnel=2; ndof=1; nnode=Nx;
sdof=nnode*ndof; deltt=0.001; ntime=20;
for i=1:nnode
    gcoord(i)=(i-1)*(1/nel);
end
for i=1:nel
    nodes(i,1)=i; nodes(i,2)=i+1;
end
bcdof(1)=1; bcval(1)=0; bcdof(2)=nnode; bcval(2)=0;
ff=zeros(sdof,1); fn=zeros(sdof,1); fsol=zeros(sdof,1);
kk=zeros(sdof,sdof); mm=zeros(sdof,sdof); kn=zeros(sdof,sdof);
index=zeros(nnel*ndof,1);
for iel=1:nel
    nd(1)=nodes(iel,1); nd(2)=nodes(iel,2);
    x1=gcoord(nd(1)); x2=gcoord(nd(2)); eleng=x2-x1;
    edof=nnel*ndof; start=(iel-1)*(nnel-1)*ndof;
    for i=1:edof
        index(i)=start+i;
    end
    a1=1/eleng;
    k=[ a1  -a1; -a1  a1];
    b1=eleng/6;
    m=b1*[ 2  1; 1  2];
    edof=length(index);
```

```
    for i=1:edof
        ii=index(i);
        for j=1:edof
            jj=index(j); kk(ii,jj)=kk(ii,jj)+k(i,j);
        end
    end
    edof=length(index);
    for i=1:edof
        ii=index(i);
        for j=1:edof
            jj=index(j); mm(ii,jj)=mm(ii,jj)+m(i,j);
        end
    end
end
for in=1:sdof
    fsol(in,1)=sin(pi*gcoord(in));
end
kn=2*mm+deltt*kk;
for it=1:ntime
    fn=deltt*ff+(2*mm-deltt*kk)*fsol(:,it);
    n=length(bcdof); sdof=size(kn);
    for i=1:n
        c=bcdof(i);
        for j=1:sdof
            kn(c,j)=0;
        end
        kn(c,c)=1; fn(c)=bcval(i);
    end
    fsol(:,it+1)=kn\fn;
```

```
end
for j=1:ntime+1
    for i=1:nnode
        x=gcoord(i);
        esol(i,j)=sin(pi*gcoord(i))*exp(-pi^2*(j-1)*deltt);
    end
end
plot(gcoord,fsol(:,ntime+1),'ko')
hold on
plot(gcoord,esol(:,ntime+1),'k-')
legend('numerical solution','exact solution')
```

femCN.m을 실행하면 다음과 같은 결과를 얻을 수 있다.

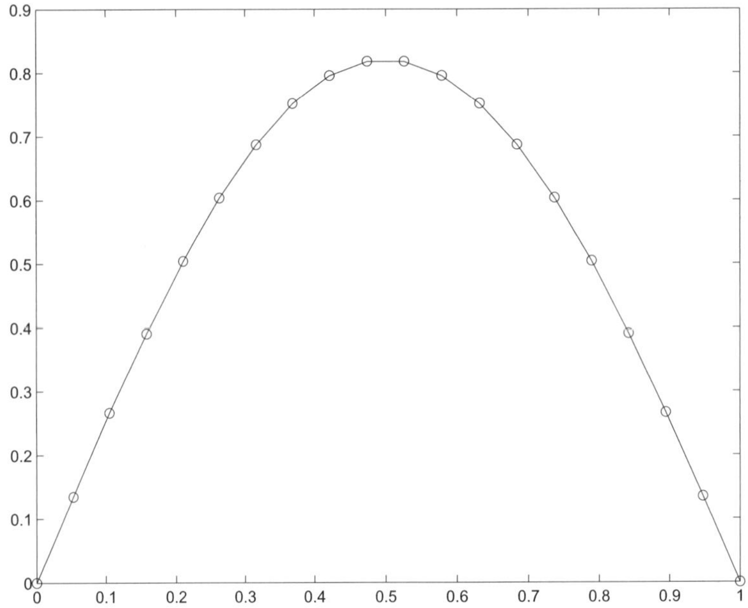

그림 9.5: 크랭크-니콜슨 방법을 이용한 결과

10장

열방정식에 대한 이산 푸리에 변환

열방정식을 수치적으로 근사하는데 이산 푸리에 급수를 이용한 근본적인 접근 방법은 연속 푸리에 변환과 같다. 주기를 2π로 갖는 복소 함수 f와 g를 생각해보자. 그리고 연속 푸리에 급수에서 사용된 적분 내적과 유사한 내적을 다음과 같이 정의하자.

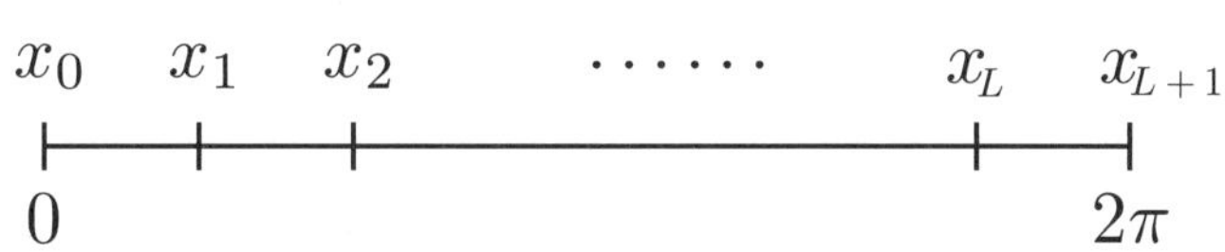

그림 10.1: 좌표

이산값

$$x_k = \frac{2\pi k}{L+1}, \quad k = 0, \cdots, L$$

에 대해서 함수 f와 g의 내적은

$$(f, g) = \sum_{k=0}^{L} f(x_k)\overline{g(x_k)}$$

이다. 그리고 각각의 k에 대해서 $\phi_k = e^{ikx}$를 항으로 갖는 수열 $\{\phi_k\}$은 다음과 같은 성질을 만족한다.

$$(\phi_j, \phi_k) = \begin{cases} L+1, & \frac{j-k}{L+1} \text{ 이 정수}, \\ 0, & \text{otherwise}. \end{cases}$$

위의 성질을 보이기 위해서 내적의 정의에 따라 아래와 같이 급수의 형태로 전개하자.

$$(\phi_j, \phi_k) = \sum_{m=0}^{L} e^{ijx_m} e^{-ikx_m} = \sum_{m=0}^{L} e^{i(j-k)\frac{2\pi m}{L+1}} = \sum_{m=0}^{L} \left(e^{i(j-k)\frac{2\pi}{L+1}}\right)^m$$

편리성을 위해서 급수의 항을 다음과 같이 정의하자.

$$q = e^{i(j-k)\frac{2\pi}{L+1}}$$

그러면 기하 급수의 합에 의해서 다음과 같은 결과를 얻을 수 있다.

$$(\phi_j, \phi_k) = \frac{q^{L+1} - 1}{q - 1}$$

따라서 $\frac{j-k}{L+1}$가 정수일 때 $q = 1$이므로

$$(\phi_j, \phi_k) = \sum_{m=0}^{L} 1 = L + 1$$

이다. 반면에 $\frac{j-k}{L+1}$가 정수가 아닐 때에는 $q^{L+1} = e^{i(j-k)2\pi} = 1$이 되기 때문에

$$(\phi_j, \phi_k) = 0$$

이다.

이제부터는 연속 푸리에 급수에서처럼 주어진 함수를 이산 푸리에 급수로 표현하는 방법에 대해서 생각해보자.

정리 이산값 $\{x_0, \cdots, x_L\}$ 에서 함수값 $f(x_k)$이 정의되어 있다고 하자. 함수 f는 다음과 같이 표현될 수 있다.

$$f(x) = \sum_{j=-k_0}^{k_0+\theta} c_j e^{ijx} \tag{10.1}$$

여기서 급수의 계수는

$$c_j = \frac{(f, \phi_j)}{(\phi_j, \phi_j)}$$

이고, L이 짝수이면 $\theta = 0$이고 $k_0 = \frac{L}{2}$, L이 홀수이면 $\theta = 1$ 이고 $k_0 = \frac{L-1}{2}$이다.

위 정리를 증명하기 위해서는 $-k_0 \le m \le k_0 + \theta$에 속하는 각각의 m에 대해서 식 (10.1) 양변에 e^{-imx_p}를 곱하고, x에 이산값 $x_0, x_1, \cdots, x_L$을 대입한 뒤 급수를 취한다. 그러면 다음과 같은 식을 얻을 수 있다.

$$\sum_{p=0}^{L} f(x_p) e^{-imx_p} = \sum_{p=0}^{L} e^{-imx_p} \sum_{j=-k_0}^{k_0+\theta} c_j e^{ijx_p}$$

오른쪽 항의 마지막 급수에서 $s = j + k_0$를 이용하여 항의 순서를 바꾸어주고, $2k_0 + \theta = L$이기 때문에

$$\begin{aligned} \sum_{p=0}^{L} f(x_p) e^{-imx_p} &= \sum_{p=0}^{L} e^{-imx_p} \sum_{s=0}^{2k_0+\theta} c_{s-k_0} e^{i(s-k_0)x_p} \\ &= \sum_{s=0}^{L} c_{s-k_0} \sum_{p=0}^{L} e^{i(s-k_0)x_p} e^{-imx_p} \\ &= \sum_{s=0}^{L} c_{s-k_0} (\phi_{s-k_0}, \phi_m) = (L+1) c_m \end{aligned}$$

이다. 그러므로 다음과 같은 계수를 얻게 된다.

$$c_m = \frac{1}{L+1} \sum_{p=0}^{L} f(x_p) e^{-imx_p} = \frac{(f, \phi_m)}{(\phi_m, \phi_m)}.$$

위에서 구한 계수 c_j에 e^{ijx_m}를 곱하고, $-k_0 \le j \le k_0 + \theta$에 대해서 급수를 취한다.

$$\begin{aligned} \sum_{j=-k_0}^{k_0+\theta} c_j e^{ijx_m} &= \sum_{j=-k_0}^{k_0+\theta} \left(\frac{1}{L+1} \sum_{p=0}^{L} f(x_p) e^{-ijx_p} \right) e^{ijx_m} \\ &= \frac{1}{L+1} \sum_{j=-k_0}^{k_0+\theta} \sum_{p=0}^{L} f(x_p) e^{-ijx_p} e^{ijx_m} \end{aligned}$$

앞에서와 같이 $s = j + k_0$와 $2k_0 + \theta = L$를 이용한다.

$$\begin{aligned}\sum_{j=-k_0}^{k_0+\theta} c_j e^{ijx_m} &= \frac{1}{L+1}\sum_{s=0}^{L}\sum_{p=0}^{L} f(x_p)e^{-i(s-k_0)x_p}e^{i(s-k_0)x_m} \\ &= \frac{1}{L+1}\sum_{p=0}^{L} f(x_p)e^{ik_0(x_p-x_m)}\sum_{s=0}^{L} e^{isx_m}e^{-isx_p}\end{aligned}$$

그리고 $sx_m = s2\pi m/(L+1) = m2\pi s/(L+1) = mx_s$임을 이용하면 다음과 같이 증명이 완료된다.

$$\begin{aligned}\sum_{j=-k_0}^{k_0+\theta} c_j e^{ijx_m} &= \frac{1}{L+1}\sum_{p=0}^{L} f(x_p)e^{ik_0(x_p-x_m)}\sum_{s=0}^{L} e^{ix_s m}e^{-ix_s p} \\ &= \frac{1}{L+1}\sum_{p=0}^{L} f(x_p)e^{ik_0(x_p-x_m)}(\phi_m, \phi_p) \\ &= \frac{1}{L+1} f(x_m)(\phi_m, \phi_m) = f(x_m).\end{aligned}$$

MATLAB 코드는 인덱스가 1 부터 시작하므로 다음과 같이 계수의 인덱스를 변환하면 다음과 같다.

정리 이산값 $\{x_0, \cdots, x_L\}$ 위에서 함수값 $f(x_k)$이 정의되어 있다고 하자. 함수 f는 다음과 같이 표현될 수 있다.

$$f(x) = \sum_{j=-k_0}^{k_0+\theta} c_j e^{ijx} = \sum_{s=1}^{L+1} d_s e^{i(s-1-k_0)x} \tag{10.2}$$

여기서 급수의 계수는

$$d_s = c_{s-1-k_0} = \frac{(f, \phi_{s-1-k_0})}{(\phi_{s-1-k_0}, \phi_{s-1-k_0})}$$

이고, L이 짝수이면 $\theta = 0$이고 $k_0 = \frac{L}{2}$, L이 홀수이면 $\theta = 1$ 이고 $k_0 = \frac{L-1}{2}$이다.

`dft7.m`은 이산 푸리에 변환을 이용하여 임의의 점 (L이 홀수인 경우)에 대한 주기함수를 구하는 MATLAB 코드이다.

```
%%%%%%%%%%%%%%%%%%%%%%%%%%%%%% dft7.m %%%%%%%%%%%%%%%%%%%%%%%%%%%%%
clear; clc; clf; L=7;
if mod(L,2)==0
    k0=L/2;
else
    k0=(L-1)/2;
end
x=linspace(0,2*pi*L/(L+1),L+1); f=cos(2*x)+0.3*x.^2;
for j=1:L+1
   c(j)=1/(L+1)*sum(f.*exp(-i*(j-1-k0)*x));
end
xx=linspace(0,2*pi,5*(L+1)+1); ff=0*xx;
for s=1:L+1
    ff=ff+c(s)*exp(i*(s-1-k0)*xx);
end
plot([x,x(1)+2*pi],[f,f(1)],'ko'); hold on
plot(xx,real(ff),'k*-',xx,imag(ff),'kd')
set(gca,'xtick',linspace(0,2*pi,5));
axis([0 2*pi -2 11]); legend('f','real(f)','imag(f)',2); grid
```

dft7.m을 실행하면 그림 10.2와 같은 결과를 얻을 수 있다.

dft8.m은 이산 푸리에 변환을 이용하여 임의의 점 (L이 짝수인 경우)에 대한 주기함수를 구하는 MATLAB 코드이다.

```
%%%%%%%%%%%%%%%%%%%%%%%%%%%%%% dft8.m %%%%%%%%%%%%%%%%%%%%%%%%%%%%%
clear; clc; clf; L=8;
if mod(L,2)==0
    k0=L/2;
else
```

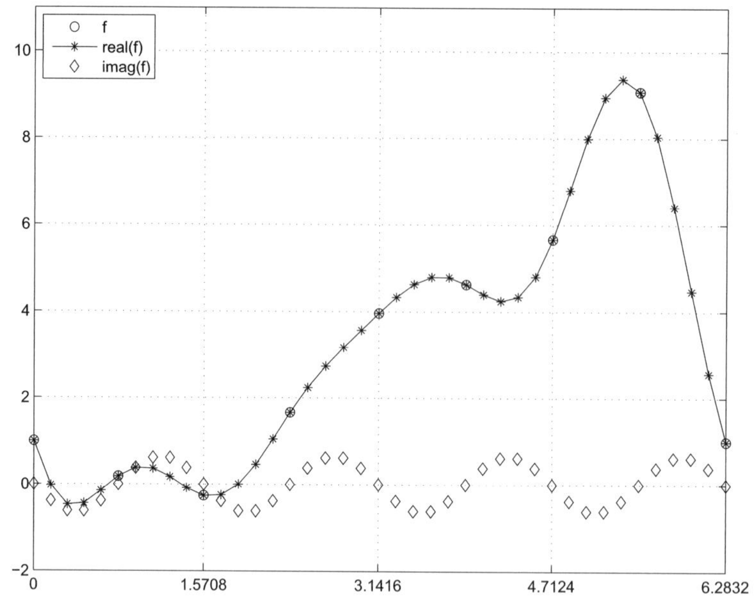

그림 10.2: $L = 7$인 경우의 이산 푸리에 급수

```
    k0=(L-1)/2;
end
x=linspace(0,2*pi*L/(L+1),L+1); f=cos(2*x)+0.3*x.^2;
for j=1:L+1
   c(j)=1/(L+1)*sum(f.*exp(-i*(j-1-k0)*x));
end
xx=linspace(0,2*pi,5*(L+1)+1); ff=0*xx;
for s=1:L+1
    ff=ff+c(s)*exp(i*(s-1-k0)*xx);
end
plot([x,x(1)+2*pi],[f,f(1)],'ko'); hold on
plot(xx,real(ff),'k*-',xx,imag(ff),'kd')
set(gca,'xtick',linspace(0,2*pi,5));
axis([0 2*pi -2 11]); legend('f','real(f)','imag(f)',2); grid
```

dft8.m을 실행하면 그림 10.3와 같은 결과를 얻을 수 있다.

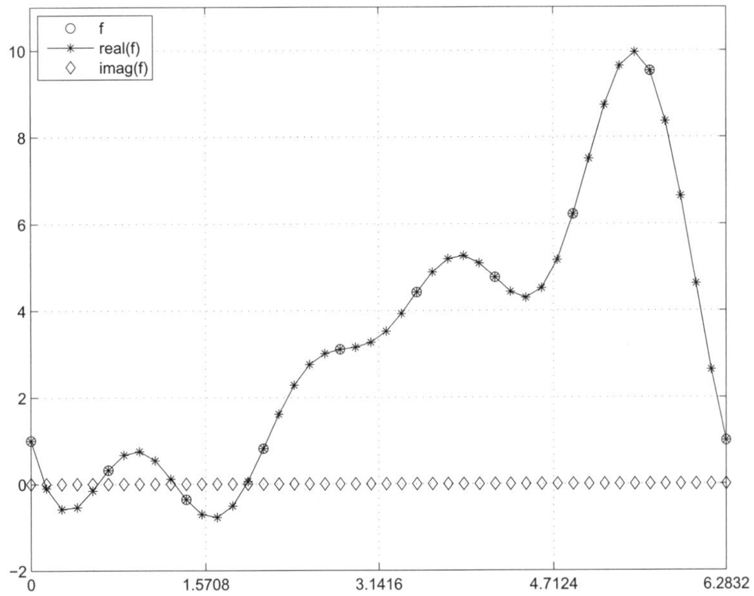

그림 10.3: $L = 8$인 경우의 이산 푸리에 급수

그림 10.3을 보면 L이 짝수인 경우에 함수의 허수부분이 0이 됨을 알 수 있다. 식 (10.2)에서 다음과 같이 상응되는 항을 생각해보면 허수부분이 소거되는 것을 알 수 있다.

$$\begin{aligned} c_j e^{ijx} + c_{-j} e^{-ijx} &= \frac{1}{L+1} \sum_{p=0}^{L} f(x_p) \left(e^{-ij(x_p - x)} + e^{ij(x_p - x)} \right) \\ &= \frac{2}{L+1} \sum_{p=0}^{L} f(x_p) \cos j(x_p - x) \end{aligned}$$

따라서 L이 짝수인 경우에는 상수항을 제외한 모든 항이 짝을 가지고 있기 때문에 허수부분이 0이 될 수 밖에 없다. 하지만 그림 10.2을 보면 L이 홀수인 경우에는 마지막 항의 짝이 없기 때문에 형태가 남아있는 것을 알 수 있다. 특히 $(L+1)/2 = 4$개의 주기를 가지고 있다.

이번에는 주기를 1로 갖는 복소 함수 f와 g를 생각해보자. 내적을 다음과 같이 정의하자.

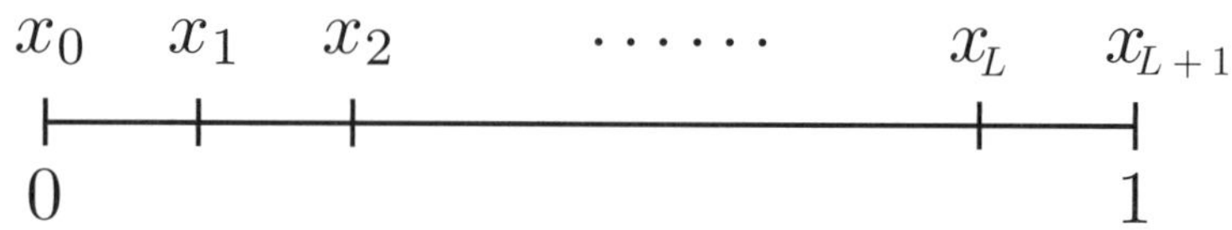

그림 10.4: 좌표

이산값

$$x_k = \frac{k}{L+1}, \quad k = 0, \cdots, L$$

에 대해서 함수 f와 g의 내적은

$$(f,g) = \sum_{k=0}^{L} f(x_k)\overline{g(x_k)}$$

이다. 그리고 각각의 k에 대해서 $\phi_k(x) = e^{i2\pi kx}$를 항으로 갖는 함수열 $\{\phi_k\}$은 다음과 같은 성질을 만족한다.

$$(\phi_j, \phi_k) = \begin{cases} L+1, & \frac{j-k}{L+1} \text{ 이 정수} \\ 0, & \text{otherwise} \end{cases}$$

위의 성질을 보이기 위해서 내적의 정의에 따라 아래와 같이 급수의 형태로 전개하자.

$$(\phi_j, \phi_k) = \sum_{m=0}^{L} e^{i2\pi jx_m} e^{-i2\pi kx_m} = \sum_{m=0}^{L} e^{i(j-k)\frac{2\pi m}{L+1}} = \sum_{m=0}^{L} \left(e^{i(j-k)\frac{2\pi}{L+1}}\right)^m$$

그리고 편리성을 위해서 급수의 항을 다음과 같이 정의한다.

$$q = e^{i(j-k)\frac{2\pi}{L+1}}$$

그러면 기하 급수의 합에 의해서 다음과 같은 결과를 얻을 수 있다.

$$(\phi_j, \phi_k) = \frac{q^{L+1} - 1}{q - 1}$$

따라서 우리는 다음과 같이 설명할 수 있다.
$\frac{j-k}{L+1}$이 정수일 때, $q = 1$이므로

$$(\phi_j, \phi_k) = \sum_{m=0}^{L} 1 = L + 1.$$

이다. 반면에 $\frac{j-k}{L+1}$이 정수가 아닐 때에는 $q^{L+1} = e^{i(j-k)2\pi} = 1$이 되기 때문에

$$(\phi_j, \phi_k) = 0$$

이다.

이제부터는 연속 푸리에 급수에서처럼 주어진 함수를 이산 푸리에 급수로 표현하는 방법에 대해서 생각해보자.

> **정리** 이산값 $\{x_0, \cdots, x_L\}$ 위에서 함수값 $f(x_k)$이 정의되어 있다고 하자. 함수 f는 다음과 같이 표현될 수 있다.
>
> $$f(x) = \sum_{j=-k_0}^{k_0+\theta} c_j e^{i2\pi jx} \tag{10.3}$$
>
> 여기서 급수의 계수는
>
> $$c_j = \frac{(f, \phi_j)}{(\phi_j, \phi_j)}$$
>
> 이고, L이 짝수이면 $\theta = 0$이고 $k_0 = \frac{L}{2}$, L이 홀수이면 $\theta = 1$ 이고 $k_0 = \frac{L-1}{2}$이다.

위 정리를 증명하기 위해서는 $-k_0 \le m \le k_0 + \theta$에 속하는 각각의 m에 대해서 식 (10.3) 양변에 $e^{-i2\pi m x_p}$를 곱하고, x에 이산값 $x_0, x_1, \cdots, x_L$을 대입한 뒤 급수를 취한다. 그러면 다음과 같은 식을 얻을 수 있다.

$$\sum_{p=0}^{L} f(x_p) e^{-i2\pi m x_p} = \sum_{p=0}^{L} e^{-i2\pi m x_p} \sum_{j=-k_0}^{k_0+\theta} c_j e^{i2\pi j x_p}$$

오른쪽 항의 마지막 급수에서 $s = j + k_0$를 이용하여 항의 순서를 바꾸어주고, $2k_0 + \theta = L$이기 때문에

$$\begin{aligned}
\sum_{p=0}^{L} f(x_p)e^{-i2\pi m x_p} &= \sum_{p=0}^{L} e^{-i2\pi m x_p} \sum_{s=0}^{2k_0+\theta} c_{s-k_0} e^{i2\pi(s-k_0)x_p} \\
&= \sum_{s=0}^{L} c_{s-k_0} \sum_{p=0}^{L} e^{i2\pi(s-k_0)x_p} e^{-i2\pi m x_p} \\
&= \sum_{s=0}^{L} c_{s-k_0} (\phi_{s-k_0}, \phi_m) = (L+1)c_m
\end{aligned}$$

이다. 그러므로 다음과 같은 계수를 얻게 된다.

$$c_m = \frac{1}{L+1} \sum_{p=0}^{L} f(x_p)e^{-i2\pi m x_p} = \frac{(f, \phi_m)}{(\phi_m, \phi_m)}.$$

다음으로 위에서 구한 계수 c_j에 $e^{i2\pi j x_m}$를 곱하고, $-k_0 \leq j \leq k_0 + \theta$에 대해서 급수를 취한다.

$$\begin{aligned}
\sum_{j=-k_0}^{k_0+\theta} c_j e^{i2\pi j x_m} &= \sum_{j=-k_0}^{k_0+\theta} \left(\frac{1}{L+1} \sum_{p=0}^{L} f(x_p) e^{-i2\pi j x_p} \right) e^{i2\pi j x_m} \\
&= \frac{1}{L+1} \sum_{j=-k_0}^{k_0+\theta} \sum_{p=0}^{L} f(x_p) e^{-i2\pi j x_p} e^{i2\pi j x_m}
\end{aligned}$$

앞에서와 같이 $s = j + k_0$와 $2k_0 + \theta = L$를 이용한다.

$$\begin{aligned}
\sum_{j=-k_0}^{k_0+\theta} c_j e^{i2\pi j x_m} &= \frac{1}{L+1} \sum_{s=0}^{L} \sum_{p=0}^{L} f(x_p) e^{-i2\pi(s-k_0)x_p} e^{i2\pi(s-k_0)x_m} \\
&= \frac{1}{L+1} \sum_{p=0}^{L} f(x_p) e^{i2\pi k_0(x_p - x_m)} \sum_{s=0}^{L} e^{i2\pi s x_m} e^{-i2\pi s x_p}
\end{aligned}$$

그리고 $sx_m = s2\pi m/(L+1) = m2\pi s/(L+1) = mx_s$임을 이용하면 다음과 같이

증명이 완료된다.

$$\begin{aligned}\sum_{j=-k_0}^{k_0+\theta} c_j e^{i2\pi j x_m} &= \frac{1}{L+1}\sum_{p=0}^{L} f(x_p)e^{i2\pi k_0(x_p-x_m)}\sum_{s=0}^{L} e^{i2\pi x_s m}e^{-i2\pi x_s p} \\ &= \frac{1}{L+1}\sum_{p=0}^{L} f(x_p)e^{i2\pi k_0(x_p-x_m)}(\phi_m,\phi_p) \\ &= \frac{1}{L+1} f(x_m)(\phi_m,\phi_m) = f(x_m).\end{aligned}$$

MATLAB 코드는 인덱스가 1 부터 시작하므로 다음과 같이 계수의 인덱스를 변환하면 다음과 같다.

정리 이산값 $\{x_0, \cdots, x_L\}$ 위에서 함수값 $f(x_k)$이 정의되어 있다고 하자. 함수 f는 다음과 같이 표현될 수 있다.

$$f(x) = \sum_{j=-k_0}^{k_0+\theta} c_j e^{i2\pi jx} = \sum_{s=1}^{L+1} d_s e^{i2\pi(s-1-k_0)x} \tag{10.4}$$

여기서 급수의 계수는

$$d_s = c_{s-1-k_0} = \frac{(f, \phi_{s-1-k_0})}{(\phi_{s-1-k_0}, \phi_{s-1-k_0})}$$

이고, L이 짝수이면 $\theta = 0$이고 $k_0 = \frac{L}{2}$, L이 홀수이면 $\theta = 1$ 이고 $k_0 = \frac{L-1}{2}$이다.

dft77.m은 이산 푸리에 변환을 이용하여 임의의 점 (L이 홀수인 경우)에 대한 주기함수를 구하는 MATLAB 코드이다.

```
%%%%%%%%%%%%%%%%%%%%%%%%%%%%%%%%% dft77.m %%%%%%%%%%%%%%%%%%%%%%%%%%
clear; clc; clf; L=7;
if mod(L,2)==0
    k0=L/2;
else
```

```
    k0=(L-1)/2;
end
x=linspace(0,L/(L+1),L+1); f=cos(7*x)+10*x.^2;
for j=1:L+1
   c(j)=1/(L+1)*sum(f.*exp(-i*2*pi*(j-1-k0)*x));
end
xx=linspace(0,L/(L+1),5*L+1); ff=0*xx;
for s=1:L+1
    ff=ff+c(s)*exp(i*2*pi*(s-1-k0)*xx);
end
plot(x,f,'ko',xx,real(ff),'k*-',xx,imag(ff),'kd')
axis([0 1 -2 11]); legend('f','real(f)','imag(f)',2); grid
```

dft77.m을 실행하면 그림 10.5와 같은 결과를 얻을 수 있다.

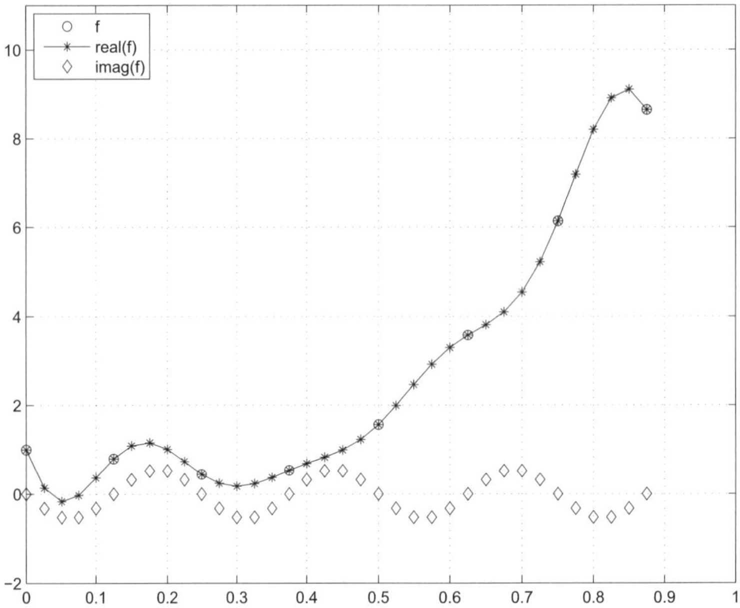

그림 10.5: $L=7$인 경우의 이산 푸리에 급수

dft88.m은 이산 푸리에 변환을 이용하여 임의의 점 (L이 짝수인 경우)에 대한 주기함수를 구하는 MATLAB 코드이다.

```
%%%%%%%%%%%%%%%%%%%%%% dft88.m %%%%%%%%%%%%%%%%%%%%%%%%
clear; clc; clf; L=8;
if mod(L,2)==0
    k0=L/2;
else
    k0=(L-1)/2;
end
x=linspace(0,L/(L+1),L+1); f=cos(7*x)+10*x.^2;
for j=1:L+1
   c(j)=1/(L+1)*sum(f.*exp(-i*2*pi*(j-1-k0)*x));
end
xx=linspace(0,L/(L+1),5*L+1); ff=0*xx;
for s=1:L+1
    ff=ff+c(s)*exp(i*2*pi*(s-1-k0)*xx);
end
plot(x,f,'ko',xx,real(ff),'k*-',xx,imag(ff),'kd')
axis([0 1 -2 11]); legend('f','real(f)','imag(f)',2); grid
```

dft88.m을 실행하면 그림 10.6와 같은 결과를 얻을 수 있다.

그림 10.6에서 알 수 있듯이 L이 짝수이면 함수의 허수부분이 0이 됨을 볼수 있다. 이번에는 주기를 a로 갖는 복소 함수 f와 g를 생각해보자. 내적을 다음과 같이 정의하자.

이산값

$$x_k = \frac{ak}{L+1}, \quad k = 0, \cdots, L$$

에 대해서 함수 f와 g의 내적은

$$(f, g) = \sum_{k=0}^{L} f(x_k)\overline{g(x_k)}$$

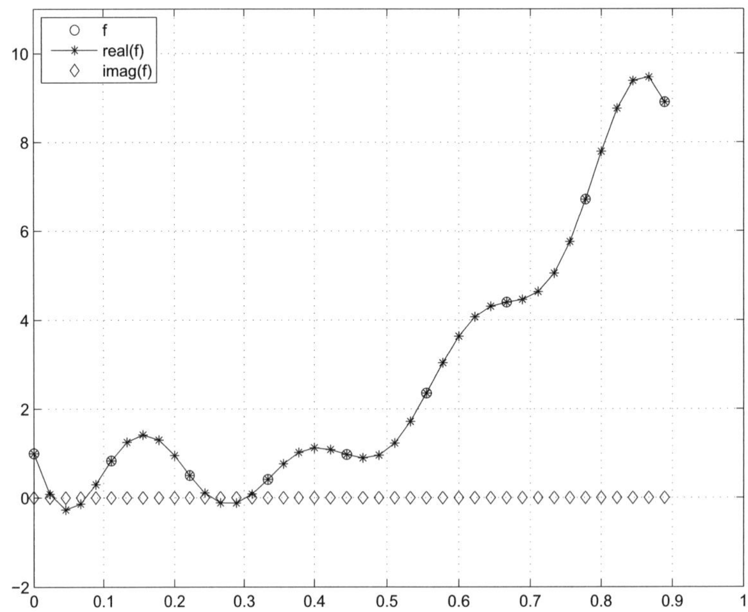

그림 10.6: $L = 8$인 경우의 이산 푸리에 급수

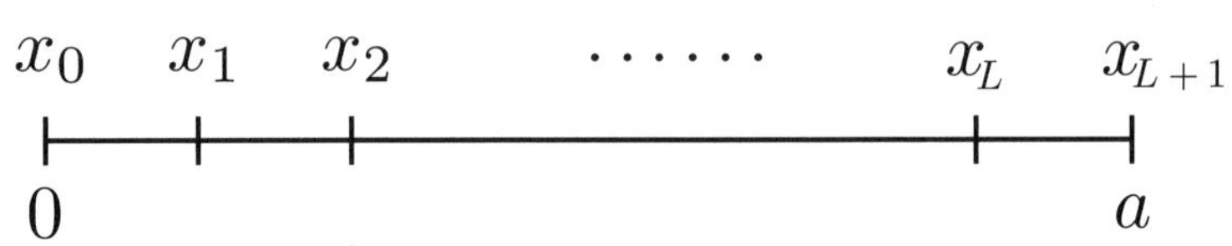

그림 10.7: 좌표

이다. 그리고 각각의 k에 대해서 $\phi_k(x) = e^{i\frac{2\pi kx}{a}}$를 항으로 갖는 함수 수열 $\{\phi_k\}$은 다음과 같은 성질을 만족한다.

$$(\phi_j, \phi_k) = \begin{cases} L+1, & \frac{j-k}{L+1} \text{ 이 정수} \\ 0, & \text{otherwise} \end{cases}$$

위의 성질을 보이기 위해서 내적의 정의에 따라 아래와 같이 급수의 형태로 전개하자.

$$(\phi_j, \phi_k) = \sum_{m=0}^{L} e^{i\frac{2\pi jxm}{a}} e^{-i\frac{2\pi kxm}{a}} = \sum_{m=0}^{L} e^{i(j-k)\frac{2\pi m}{L+1}} = \sum_{m=0}^{L} \left(e^{i(j-k)\frac{2\pi}{L+1}}\right)^m$$

그리고 편리성을 위해서 급수의 항을 다음과 같이 정의한다.

$$q = e^{i(j-k)\frac{2\pi}{L+1}}$$

그러면 기하 급수의 합에 의해서 다음과 같은 결과를 얻을 수 있다.

$$(\phi_j, \phi_k) = \frac{q^{L+1}-1}{q-1}$$

따라서 우리는 다음과 같이 설명할 수 있다.
$\frac{j-k}{L+1}$이 정수일 때, $q = 1$이므로

$$(\phi_j, \phi_k) = \sum_{m=0}^{L} 1 = L+1.$$

이다. 반면에 $\frac{j-k}{L+1}$이 정수가 아닐 때에는 $q^{L+1} = e^{i(j-k)2\pi} = 1$이 되기 때문에

$$(\phi_j, \phi_k) = 0$$

이다.

이제부터는 연속 푸리에 급수에서처럼 주어진 함수를 이산 푸리에 급수로 표현하는 방법에 대해서 생각해보자.

정리 이산값 $\{x_0, \cdots, x_L\}$ 위에서 함수값 $f(x_k)$이 정의되어 있다고 하자. 함수 f는 다음과 같이 표현될 수 있다.

$$f(x) = \sum_{j=-k_0}^{k_0+\theta} c_j e^{i\frac{2\pi jx}{a}} \tag{10.5}$$

여기서 급수의 계수는

$$c_j = \frac{(f, \phi_j)}{(\phi_j, \phi_j)}$$

이고, L이 짝수이면 $\theta = 0$이고 $k_0 = \frac{L}{2}$, L이 홀수이면 $\theta = 1$ 이고 $k_0 = \frac{L-1}{2}$이다.

위 정리를 증명하기 위해서는 $-k_0 \le m \le k_0 + \theta$에 속하는 각각의 m에 대해서 식 (10.5) 양변에 $e^{-i\frac{2\pi mxp}{a}}$를 곱하고, x에 이산값 $x_0, x_1, \cdots, x_L$을 대입한 뒤 급수를 취한다. 그러면 다음과 같은 식을 얻을 수 있다.

$$\sum_{p=0}^{L} f(x_p) e^{-i\frac{2\pi mx_p}{a}} = \sum_{p=0}^{L} e^{-i\frac{2\pi mx_p}{a}} \sum_{j=-k_0}^{k_0+\theta} c_j e^{i\frac{2\pi jx_p}{a}}$$

오른쪽 항의 마지막 급수에서 $s = j + k_0$를 이용하여 항의 순서를 바꾸어주고, $2k_0 + \theta = L$이기 때문에

$$\begin{aligned}
\sum_{p=0}^{L} f(x_p) e^{-i\frac{2\pi mx_p}{a}} &= \sum_{p=0}^{L} e^{-i\frac{2\pi mx_p}{a}} \sum_{s=0}^{2k_0+\theta} c_{s-k_0} e^{i2\pi(s-k_0)x_p} \\
&= \sum_{s=0}^{L} c_{s-k_0} \sum_{p=0}^{L} e^{i\frac{2\pi(s-k_0)x_p}{a}} e^{-i\frac{2\pi mx_p}{a}} \\
&= \sum_{s=0}^{L} c_{s-k_0} (\phi_{s-k_0}, \phi_m) = (L+1)c_m
\end{aligned}$$

이다. 그러므로 다음과 같은 계수를 얻게 되었다.

$$c_m = \frac{1}{L+1} \sum_{p=0}^{L} f(x_p) e^{-i\frac{2\pi mx_p}{a}} = \frac{(f, \phi_m)}{(\phi_m, \phi_m)}.$$

다음으로 위에서 구한 계수 c_j에 $e^{i\frac{2\pi j x_m}{a}}$를 곱하고, $-k_0 \le j \le k_0+\theta$에 대해서 급수를 취한다.

$$\begin{aligned}\sum_{j=-k_0}^{k_0+\theta} c_j e^{i\frac{2\pi j x_m}{a}} &= \sum_{j=-k_0}^{k_0+\theta}\left(\frac{1}{L+1}\sum_{p=0}^{L} f(x_p)e^{-i\frac{2\pi j x_p}{a}}\right)e^{i\frac{2\pi j x_m}{a}} \\ &= \frac{1}{L+1}\sum_{j=-k_0}^{k_0+\theta}\sum_{p=0}^{L} f(x_p)e^{-i\frac{2\pi j x_p}{a}}e^{i\frac{2\pi j x_m}{a}}\end{aligned}$$

앞에서와 같이 $s = j + k_0$와 $2k_0 + \theta = L$를 이용한다.

$$\begin{aligned}\sum_{j=-k_0}^{k_0+\theta} c_j e^{i\frac{2\pi j x_m}{a}} &= \frac{1}{L+1}\sum_{s=0}^{L}\sum_{p=0}^{L} f(x_p)e^{-i\frac{2\pi(s-k_0)x_p}{a}}e^{i\frac{2\pi(s-k_0)x_m}{a}} \\ &= \frac{1}{L+1}\sum_{p=0}^{L} f(x_p)e^{i\frac{2\pi k_0(x_p-x_m)}{a}}\sum_{s=0}^{L} e^{i\frac{2\pi s x_m}{a}}e^{-i\frac{2\pi s x_p}{a}}\end{aligned}$$

그리고 $sx_m = s2\pi m/(L+1) = m2\pi s/(L+1) = mx_s$임을 이용하면 다음과 같이 증명이 완료된다.

$$\begin{aligned}\sum_{j=-k_0}^{k_0+\theta} c_j e^{i\frac{2\pi j x_m}{a}} &= \frac{1}{L+1}\sum_{p=0}^{L} f(x_p)e^{i\frac{2\pi k_0(x_p-x_m)}{a}}\sum_{s=0}^{L} e^{i\frac{2\pi m x_s}{a}}e^{-i\frac{2\pi p x_s}{a}} \\ &= \frac{1}{L+1}\sum_{p=0}^{L} f(x_p)e^{i\frac{2\pi k_0(x_p-x_m)}{a}}(\phi_m,\phi_p) \\ &= \frac{1}{L+1}f(x_m)(\phi_m,\phi_m) = f(x_m).\end{aligned}$$

MATLAB 코드는 인덱스가 1 부터 시작하므로 다음과 같이 계수의 인덱스를 변환하면

정리 이산값 $\{x_0, \cdots, x_L\}$ 위에서 함수값 $f(x_k)$이 정의되어 있다고 하자. 함수 f는 다음과 같이 표현될 수 있다.

$$f(x) = \sum_{j=-k_0}^{k_0+\theta} c_j e^{i\frac{2\pi j x}{a}} = \sum_{s=1}^{L+1} d_s e^{i\frac{2\pi(s-1-k_0)x}{a}} \tag{10.6}$$

여기서 급수의 계수는

$$d_s = c_{s-1-k_0} = \frac{(f, \phi_{s-1-k_0})}{(\phi_{s-1-k_0}, \phi_{s-1-k_0})}$$

이고, L이 짝수이면 $\theta = 0$이고 $k_0 = \frac{L}{2}$, L이 홀수이면 $\theta = 1$ 이고 $k_0 = \frac{L-1}{2}$이다.

dft777.m은 이산 푸리에 변환을 이용하여 임의의 점에 대한 주기함수를 구하는 MATLAB 코드이다.

```
%%%%%%%%%%%%%%%%%%%%%%%%%%%%%%%% dft777.m %%%%%%%%%%%%%%%%%%%%%%%%%%%%%%
clear; clc; clf; a=2; L=7;
if mod(L,2)==0
    k0=L/2;
else
    k0=(L-1)/2;
end
x=linspace(0,a*L/(L+1),L+1); f=cos(7*x)+2*x.^2;
for j=1:L+1
   c(j)=1/(L+1)*sum(f.*exp(-i*2*pi*(j-1-k0)*x/a));
end
xx=linspace(0,a*L/(L+1),5*L+1); ff=0*xx;
for s=1:L+1
    ff=ff+c(s)*exp(i*2*pi*(s-1-k0)*xx/a);
end
plot(x,f,'ko',xx,real(ff),'k*-',xx,imag(ff),'kd')
axis([0 a -2 8]); legend('f','real(f)','imag(f)',2); grid
```

dft777.m을 실행하면 그림 10.8와 같은 결과를 얻을 수 있다.
dft888.m은 이산 푸리에 변환을 이용하여 임의의 점에 대한 주기함수를 구하는 MATLAB 코드이다.

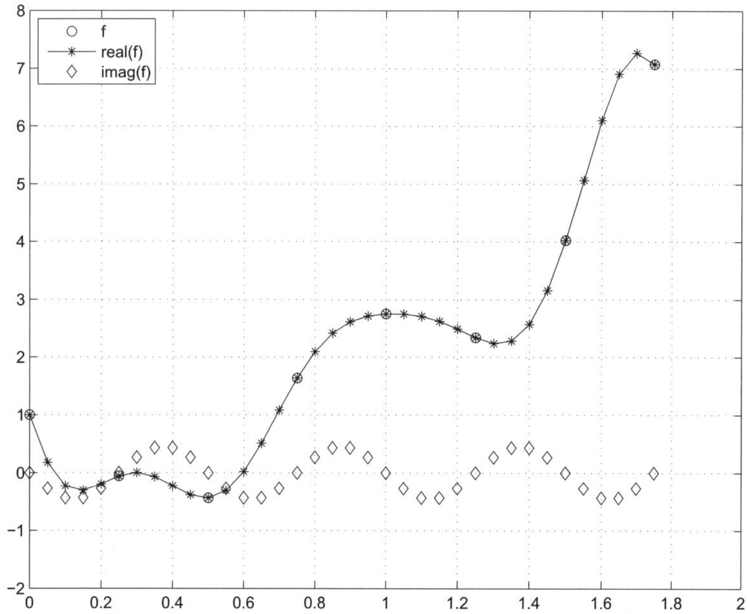

그림 10.8: $L = 7$인 경우의 이산 푸리에 급수

```
%%%%%%%%%%%%%%%%%%%%%%%%%%%%%%% dft888.m %%%%%%%%%%%%%%%%%%%%%%%%%%%%
clear; clc; clf; a=2; L=8;
if mod(L,2)==0
    k0=L/2;
else
    k0=(L-1)/2;
end
x=linspace(0,a*L/(L+1),L+1); f=cos(7*x)+2*x.^2;
for j=1:L+1
   c(j)=1/(L+1)*sum(f.*exp(-i*2*pi*(j-1-k0)*x/a));
end
xx=linspace(0,a*L/(L+1),5*L+1); ff=0*xx;
for s=1:L+1
    ff=ff+c(s)*exp(i*2*pi*(s-1-k0)*xx/a);
```

```
end
plot(x,f,'ko',xx,real(ff),'k*-',xx,imag(ff),'kd')
axis([0 a -2 8]); legend('f','real(f)','imag(f)',2); grid
```

dft888.m을 실행하면 그림 10.9와 같은 결과를 얻을 수 있다.

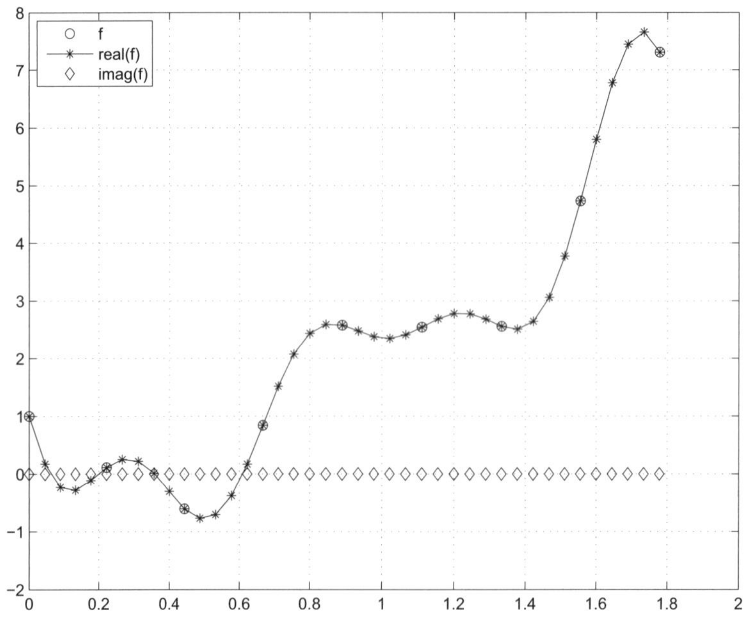

그림 10.9: $L = 8$인 경우의 이산 푸리에 급수

그림 10.9에서 알 수 있듯이 L이 짝수이면 함수의 허수부분이 0이 됨을 볼수 있다.

제 1 절 1차원 열방정식

$$u_t(x,t) = u_{xx}(x,t) \text{ on } \Omega = (0,\ 1), \tag{10.7}$$

$$u(0,t) = u(1,t) = 0, \tag{10.8}$$

$$u(x,0) = f(x) \text{ on } \Omega = (0,\ 1). \tag{10.9}$$

위 문제를 $\Omega = (0,\ 2)$의 영역으로 도메인의 점이 홀수 개의 수를 가지도록 확장을 해서 주기가 2인 주기 함수를 만든다. 즉

$$\begin{aligned} u_t(x,t) &= u_{xx}(x,t) \text{ on } \Omega = (0,\ 2), && (10.10) \\ u(x,0) &= f(x) \text{ on } \Omega = (0,\ 1), && (10.11) \\ u(x,0) &= -f(x-1) \text{ on } \Omega = (1,\ 2). && (10.12) \end{aligned}$$

$$x_p = \frac{2p}{N_x+1}, \quad p = 0, \cdots, N_x$$

N_x는 홀수이고 $h = 2/(N_x+1)$ 이다. 1차원 열방정식 (10.10)을 함축적 유한 차분법을 이용하여 나타내면 다음과 같다.

$$\frac{u_p^{n+1} - u_p^n}{\Delta t} = \frac{u_{p+1}^{n+1} - 2u_p^{n+1} + u_{p-1}^{n+1}}{h^2},$$

즉

$$\frac{u_p^{n+1}}{\Delta t} - \frac{u_{p+1}^{n+1} - 2u_p^{n+1} + u_{p-1}^{n+1}}{h^2} = \frac{u_p^n}{\Delta t}. \tag{10.13}$$

x에 대한 함수 u의 1차원 이산 푸리에 변환과 역변환은 다음과 같다.

$$\begin{aligned} \hat{u}_j &= \frac{1}{N_x+1}\sum_{p=0}^{N_x} u_p e^{-i\pi j x_p}, \\ u_p &= \sum_{j=-k_0}^{k_0+1} \hat{u}_j e^{i\pi j x_p}, && (10.14) \end{aligned}$$

여기서 $k_0 = (N_x-1)/2$, $x_{p+1} = x_p + h$, $x_{p-1} = x_p - h$ 이다. 식 (10.13)에 식 (10.10)을 대입하면

$$\hat{u}_j^{n+1}\left(\frac{1}{\Delta t} - \frac{e^{i\pi hj} - 2 + e^{-i\pi hj}}{h^2}\right) = \frac{\hat{u}_j^n}{\Delta t}$$

이 된다. 이를 간단히 정리하면 다음과 같은 식을 얻을 수 있다.

$$\hat{u}_j^{n+1}\left(\frac{1}{\Delta t} - \frac{2\cos(\pi hj) - 2}{h^2}\right) = \frac{\hat{u}_j^n}{\Delta t}.$$

이와 같이 이산 푸리에 변환을 이용하면 열방정식에 대한 차분방정식이 간단한 대수방정식으로 바뀌게 된다. 다음으로 변환된 함수 $\hat{u}_r^n$에 대수연산을 적용함으로써 $\hat{u}_r^{n+1}$을 구하게 된다.

$$\hat{u}_j^{n+1} = \frac{\hat{u}_j^n}{1 - \Delta t(2\cos(\pi hj) - 2)/h^2}.$$

이렇게 $\hat{u}_j^{n+1}$을 구한 후 이산 푸리에 역변환을 적용하면 새로운 u_p^{n+1}을 구하게 된다. dft_heat1d.m은 이산 푸리에 변환을 이용하여 함축적인 방법으로 열방정식의 해를 구하는 MATLAB 코드이다. 코그에서 $N_x = 31$, $\Delta t = 0.01$, 그리고 초기조건은 $f(x) = \sin(x)$를 사용하여 총 다섯 번의 시간 반복을 하였다.

```
%%%%%%%%%%%%%%%%%%%%%%%%%%%%%% dft_heat1d.m %%%%%%%%%%%%%%%%%%%%%%%%%
clear; clc; a=2; L=31; k0=(L-1)/2;
x=linspace(0,a*L/(L+1),L+1); h=x(2)-x(1); dt=0.01;
f=sin(pi*x); figure(1); clf; plot(x,f,'ko',x,f,'k'); hold
for k=1:5
for j=1:L+1
   un(j)=1/(L+1)*sum(f.*exp(-i*2*pi*(j-1-k0)*x/a)) ...
          /(1-dt*(2*cos(pi*h*(j-1-k0))-2)/h^2);
end
unp=0*x;
for s=1:L+1
    unp=unp+un(s)*exp(i*2*pi*(s-1-k0)*x/a);
end
plot(x,real(unp),'ko',x,sin(pi*x)*exp(-pi^2*dt*k),'k')
f=unp;
end
axis([0 a -1.2 1.2]);
legend('numerical solution','exact solution',2);grid
```

dft_heat1d.m을 실행하면 그림 10.10와 같은 결과를 얻을 수 있다. 그림에서 우리가 원하는 영역은 0 부터 1까지의 해이다.

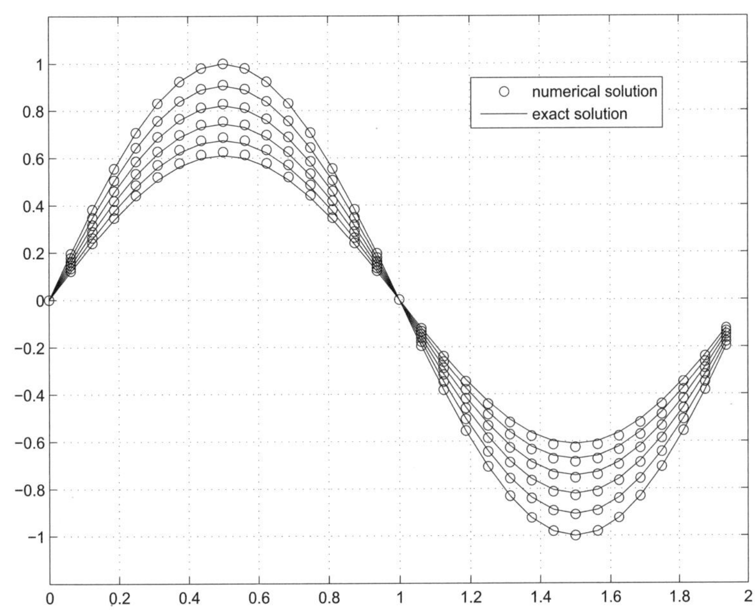

그림 10.10: 1차원 열방정식의 해석해와 수치해.

11장

CG, Bi-CG, and Bi-CGSTAB

제 1 절 Conjugate Gradient(CG) 방법

CG 방법은 $n \times n$ 양정치(positive definite) 선형계를 직접 풀기 위해 고안되었다. CG 방법을 이용해 해를 구하기 위해서는 Gauss elimination with pivoting처럼 n단계를 거쳐야 하지만 이보다 많은 계산을 필요로 하기 때문에 일반적으로 효과적이진 않다. 그러나 CG 방법은 경계값 문제에서 종종 볼 수 있는 large sparse systems with nonzero entries occurring in predictable patterns를 풀기 위해 매우 유용하다. 적절한 조건이 주어진다면, CG 방법을 이용해 $\sqrt{n}$단계 만에 적절한 근사값을 얻을 수 있다.

이 절에서 행렬 A는 양정치($\mathbf{0}$이 아닌 벡터 $\mathbf{x}$에 대해서 $\langle \mathbf{x}, A\mathbf{x} \rangle > 0$, A는 대칭)라고 가정한다. 그리고 $\mathbf{x}$와 $\mathbf{y}$가 n차원 벡터일 때, 내적을 다음과 같이 정의한다.

$$\langle \mathbf{x}, \mathbf{y} \rangle = \mathbf{x}^t \mathbf{y} \tag{11.1}$$

그러면 $\mathbf{x}^t A\mathbf{y} = \mathbf{x}^t A^t \mathbf{y} = (A\mathbf{x})^t \mathbf{y}$이므로

$$\langle \mathbf{x}, A\mathbf{y} \rangle = \langle A\mathbf{x}, \mathbf{y} \rangle \tag{11.2}$$

가 성립한다. 아래 결과는 CG 방법을 유도하기 위한 기본적인 정리이다.

정리 $\mathbf{x}^*$가 양정치 선형계 $A\mathbf{x} = \mathbf{b}$의 해라는 것은

$$g(\mathbf{x}) = \langle \mathbf{x}, A\mathbf{x} \rangle - 2\langle \mathbf{x}, \mathbf{b} \rangle$$

가 $\mathbf{x}^*$에서 최솟값을 갖는다는 사실과 동치이다.

(증명) $\mathbf{x}$와 $\mathbf{v} \neq \mathbf{0}$가 상수값을 가지는 벡터이고 t는 실수인 변수라고 가정하자. 그렇다면

$$\begin{aligned} g(\mathbf{x} + t\mathbf{v}) &= \langle \mathbf{x} + t\mathbf{v}, A\mathbf{x} + tA\mathbf{v} \rangle - 2\langle \mathbf{x} + t\mathbf{v}, \mathbf{b} \rangle \\ &= \langle \mathbf{x}, A\mathbf{x} \rangle + t\langle \mathbf{v}, A\mathbf{x} \rangle + t\langle \mathbf{x}, A\mathbf{v} \rangle + t^2\langle \mathbf{v}, A\mathbf{v} \rangle - 2\langle \mathbf{x}, \mathbf{b} \rangle - 2t\langle \mathbf{v}, \mathbf{b} \rangle \\ &= \langle \mathbf{x}, A\mathbf{x} \rangle - 2\langle \mathbf{x}, \mathbf{b} \rangle + 2t\langle \mathbf{v}, A\mathbf{x} \rangle - 2t\langle \mathbf{v}, \mathbf{b} \rangle + t^2\langle \mathbf{v}, A\mathbf{v} \rangle \end{aligned}$$

을 만족하므로

$$g(\mathbf{x} + t\mathbf{v}) = g(\mathbf{x}) + 2t\langle \mathbf{v}, A\mathbf{x} - \mathbf{b} \rangle + t^2\langle \mathbf{v}, A\mathbf{v} \rangle \tag{11.3}$$

가 된다. $\mathbf{x}$와 $\mathbf{v}$가 상수이기 때문에, t에 대한 이차함수 h를 다음과 같이 정의할 수 있다.

$$h(t) = g(\mathbf{x} + t\mathbf{v})$$

이차항의 계수 $\langle \mathbf{v}, A\mathbf{v} \rangle$가 양수이기 때문에 $h'(t) = 0$인 점에서 h가 최솟값을 가진다. 그러므로

$$h'(t) = 2\langle \mathbf{v}, A\mathbf{x} - \mathbf{b} \rangle + 2t\langle \mathbf{v}, A\mathbf{v} \rangle$$

는

$$\hat{t} = -\frac{\langle \mathbf{v}, A\mathbf{x} - \mathbf{b} \rangle}{\langle \mathbf{v}, A\mathbf{v} \rangle} = \frac{\langle \mathbf{v}, \mathbf{b} - A\mathbf{x} \rangle}{\langle \mathbf{v}, A\mathbf{v} \rangle}$$

일 때 최솟값을 갖고, 식(11.3)에 의해서

$$\begin{aligned} h(\hat{t}) &= g(\mathbf{x}) - 2\frac{\langle \mathbf{v}, \mathbf{b} - A\mathbf{x} \rangle}{\langle \mathbf{v}, A\mathbf{v} \rangle}\langle \mathbf{v}, \mathbf{b} - A\mathbf{x} \rangle + \left(\frac{\langle \mathbf{v}, \mathbf{b} - A\mathbf{x} \rangle}{\langle \mathbf{v}, A\mathbf{v} \rangle} \right)^2 \langle \mathbf{v}, A\mathbf{v} \rangle \\ &= g(\mathbf{x}) - \frac{\langle \mathbf{v}, \mathbf{b} - A\mathbf{x} \rangle^2}{\langle \mathbf{v}, A\mathbf{v} \rangle} \end{aligned}$$

이 성립한다. 그러므로 $\langle \mathbf{v}, \mathbf{b}-A\mathbf{x}\rangle \neq 0$ 일 때 $\mathbf{0}$이 아닌 벡터 $\mathbf{v}$에 대해서 $g(\mathbf{x}+\hat{t}\mathbf{v}) < g(\mathbf{x})$가 성립한다. $\mathbf{x}^*$가 $A\mathbf{x}^* = \mathbf{b}$을 만족한다고 가정하자. 그러면 어떠한 벡터 $\mathbf{v}$에 대해서도 $\langle \mathbf{v}, \mathbf{b} - A\mathbf{x}^*\rangle = 0$가 성립하고, 이는 $g(\mathbf{x})$가 $g(\mathbf{x}^*)$보다 작아질 수 없음을 의미한다. 그러므로 $\mathbf{x}^*$일 때 g는 최솟값을 갖는다.
반대로 $\mathbf{x}^*$가 g를 가장 작게 만드는 벡터라고 가정하자. 그러면 어떠한 벡터 $\mathbf{v}$에 대해서도 $g(\mathbf{x}^* + \hat{t}\mathbf{v}) \geq g(\mathbf{x}^*)$가 성립한다. 그러므로 $\langle \mathbf{v}, \mathbf{b} - A\mathbf{x}^*\rangle$는 0이 되고, 이는 $\mathbf{b} - A\mathbf{x}^*$을 뜻한다. □

$A\mathbf{x}^* = \mathbf{b}$의 근사해 $\mathbf{x}$와 $\mathbf{x}$에서 보다 더 나은 근사해로의 방향을 의미하는 탐색 방향(search direction) 벡터$\mathbf{v} \neq 0$를 생각하자. $\mathbf{r} = \mathbf{b} - A\mathbf{x}$를 $\mathbf{x}$에 대한 잔차 벡터(residual vector associated with $\mathbf{x}$)로 정의하고, t를 다음과 같이 정의한다.

$$t = \frac{\langle \mathbf{v}, \mathbf{b} - A\mathbf{x}\rangle}{\langle \mathbf{v}, A\mathbf{v}\rangle} = \frac{\langle \mathbf{v}, \mathbf{r}\rangle}{\langle \mathbf{v}, A\mathbf{v}\rangle}$$

만약 $\mathbf{r} \neq \mathbf{0}$이고 $\mathbf{v} = \mathbf{r}$라면, $g(\mathbf{x} + t\mathbf{r})$는 $g(\mathbf{x})$보다 작은 값을 가지고 이는 $\mathbf{x}$보다 $\mathbf{x}^*$에 가깝다는 것을 의미한다. 이를 이용해서 우리는 CG 방법을 유도할 수 있다. $\mathbf{x}_0$가 $\mathbf{x}^*$의 초기 근사값이고, $\mathbf{v}^{(1)} \neq \mathbf{0}$가 초기 탐색 방향이라고 가정하자. $k = 1, 2, 3, ...,$에 대해서

$$t_k = \frac{\langle \mathbf{v}^{(k)}, \mathbf{b} - A\mathbf{x}^{(k-1)}\rangle}{\langle \mathbf{v}^{(k)}, A\mathbf{v}^{(k)}\rangle} \tag{11.4}$$

$$\mathbf{x}^{(k)} = \mathbf{x}^{(k-1)} + t_k\mathbf{v}^{(k)} \tag{11.5}$$

를 계산하고, 새로운 탐색 방향 $\mathbf{v}^{(k+1)}$을 찾는다. 이 방법을 이용해서 $\mathbf{x}^*$로 근사되는 수열 $\{\mathbf{x}^k\}$을 찾을 수 있다. 탐색 방향을 찾기 위해서 g를 $\mathbf{x} = (x_1, x_2, ..., x_n)^t$에 대한 함수라고 생각하자. 그러면

$$g(x_1, x_2, ..., x_n) = \langle \mathbf{x}, A\mathbf{x}\rangle - 2\langle \mathbf{x}, \mathbf{b}\rangle = \sum_{i=1}^{n}\sum_{j=1}^{n} a_{ij}x_ix_j - 2\sum_{i=1}^{n} x_ib_i$$

가 성립한다. g를 x_k에 대해서 미분하면

$$\frac{\partial g}{\partial x_k}(\mathbf{x}) = 2\sum_{i=1}^{n} a_{ki}x_i - 2b_k$$

를 얻을 수 있다. 그러므로 $\mathbf{r}$이 $\mathbf{x}$에 대한 잔차벡터일 때 g의 그래디언트(gradient)는 다음과 같이 계산된다.

$$\nabla g(\mathbf{x}) = \left(\frac{\partial g}{\partial x_1}(\mathbf{x}), \frac{\partial g}{\partial x_2}(\mathbf{x}), ..., \frac{\partial g}{\partial x_n}(\mathbf{x}) \right)^t = 2(A\mathbf{x} - \mathbf{b}) = -2\mathbf{r}$$

우리는 다변수 미적분학으로부터 $g(\mathbf{x})$가 가장 빠르게 감소하는 방향이 $-\nabla g(\mathbf{x})$임을 알고 있다. 즉 이는 잔차벡터 $\mathbf{r}$의 방향을 의미한다. 앞서 다룬 바와 같이 $\mathbf{v}^{(k+1)}$을 다음과 같이 선택하는 방법을 Steepest descent방법이라고 한다.

$$\mathbf{v}^{(k+1)} = \mathbf{r}^{(k)} = \mathbf{b} - A\mathbf{x}^{(k)}$$

이 방법은 비선형계를 풀 때 장점을 가지지만 느린 수렴속도로 인해 사용되지 않는다. 이에 대한 대안으로 우리는 다음을 만족하는 0이 아닌 벡터 $\{\mathbf{v}^{(1)}, \ldots, \mathbf{v}^{(n)}\}$를 사용한다.

$$\langle \mathbf{v}^{(i)}, A\mathbf{v}^{(j)} \rangle = 0, \quad if \quad i \neq j$$

이 조건을 A-직교 조건(A-orthogonality condition)이라고 하고, $\{\mathbf{v}^{(1)}, \ldots, \mathbf{v}^{(n)}\}$을 A-직교(A-orthogonal)라고 한다. 이 벡터들은 일차독립이다. 이 집합으로 인해 식(11.4)와 식(11.5)를 얻을 수 있다.

다음 정리는 이런 탐색 방향을 이용했을 때 많아도 n단계를 거치면 적합한 수렴값을 얻을 수 있다는 사실을 보여준다. 즉 산술적으로 정확하다면 이 방법을 통해 정확한 해를 얻을 수 있다.

정리 $\{\mathbf{v}^{(1)}, \ldots, \mathbf{v}^{(n)}\}$이 양정치로 정의된 행렬 A에 대해서 0이 아닌 A-직교 집합이고, $\mathbf{v}^{(0)}$은 임의의 값으로 가정하자. 그리고 $k = 1, 2, \ldots, n$에 대해서

$$t_k = \frac{\langle \mathbf{v}^{(k)}, \mathbf{b} - A\mathbf{x}^{(k-1)} \rangle}{\langle \mathbf{v}^{(k)}, A\mathbf{v}^{(k)} \rangle} \qquad \text{그리고} \qquad \mathbf{x}^{(k)} = \mathbf{x}^{(k-1)} + t_k \mathbf{v}^{(k)}$$

로 정의하고, 산술적으로 정확하다고 가정한다면, 다음이 성립한다.

$$A\mathbf{x}^{(n)} = \mathbf{b}$$

(증명) 모든 $k = 1, 2, ..., n$에 대해서 $\mathbf{x}^{(k)} = \mathbf{x}^{(k-1)} + t_k \mathbf{v}^{(k)}$이기 때문에,

$$\begin{aligned} A\mathbf{x}^{(n)} &= A\mathbf{x}^{(n-1)} + t_n A\mathbf{v}^{(n)} \\ &= (A\mathbf{x}^{(n-2)} + t_{n-1} A\mathbf{v}^{(n-1)}) + t_n A\mathbf{v}^{(n)} \\ &\vdots \\ &= A\mathbf{x}^{(0)} + t_1 A\mathbf{v}^{(1)} + t_2 A\mathbf{v}^{(2)} + ... + t_n A\mathbf{v}^{(n)} \end{aligned}$$

를 얻을 수 있고, 양변에 $\mathbf{b}$를 뺌으로써 다음 식을 얻을 수 있다.

$$A\mathbf{x}^{(n)} - \mathbf{b} = A\mathbf{x}^{(0)} - \mathbf{b} + t_1 A\mathbf{v}^{(1)} + t_2 A\mathbf{v}^{(2)} + ... + t_n A\mathbf{v}^{(n)}$$

양변에 $\mathbf{v}^{(k)}$에 대한 내적을 계산하면, 내적의 성질과 A가 대칭이라는 사실로부터 다음과 같은 식을 얻을 수 있다.

$$\begin{aligned} \langle A\mathbf{x}^{(n)} - \mathbf{b}, \mathbf{v}^{(k)} \rangle &= \langle A\mathbf{x}^{(0)} - \mathbf{b}, \mathbf{v}^{(k)} \rangle + t_1 \langle A\mathbf{v}^{(1)}, \mathbf{v}^{(k)} \rangle + ... + t_n \langle A\mathbf{v}^{(n)}, \mathbf{v}^{(k)} \rangle \\ &= \langle A\mathbf{x}^{(0)} - \mathbf{b}, \mathbf{v}^{(k)} \rangle + t_1 \langle \mathbf{v}^{(1)}, A\mathbf{v}^{(k)} \rangle + ... + t_n \langle \mathbf{v}^{(n)}, A\mathbf{v}^{(k)} \rangle \end{aligned}$$

각 k에 대해서 A-직교의 성질을 적용시키면,

$$\langle A\mathbf{x}^{(n)} - \mathbf{b}, \mathbf{v}^{(k)} \rangle = \langle A\mathbf{x}^{(0)} - \mathbf{b}, \mathbf{v}^{(k)} \rangle + t_k \langle \mathbf{v}^{(k)}, A\mathbf{v}^{(k)} \rangle \tag{11.6}$$

이 된다. 또한,

$$t_k = \frac{\langle \mathbf{v}^{(k)}, \mathbf{b} - A\mathbf{x}^{(k-1)} \rangle}{\langle \mathbf{v}^{(k)}, A\mathbf{v}^{(k)} \rangle}$$

이기 때문에,

$$\begin{aligned} & t_k \langle \mathbf{v}^{(k)}, A\mathbf{v}^{(k)} \rangle = \langle \mathbf{v}^{(k)}, \mathbf{b} - A\mathbf{x}^{(k-1)} \rangle \\ &= \langle \mathbf{v}^{(k)}, \mathbf{b} - A\mathbf{x}^{(0)} + A\mathbf{x}^{(0)} - A\mathbf{x}^{(1)} + ... - A\mathbf{x}^{(k-2)} + A\mathbf{x}^{(k-2)} - A\mathbf{x}^{(k-1)} \rangle \\ &= \langle \mathbf{v}^{(k)}, \mathbf{b} - A\mathbf{x}^{(0)} \rangle + \langle \mathbf{v}^{(k)}, A\mathbf{x}^{(0)} - A\mathbf{x}^{(1)} \rangle + ... + \langle \mathbf{v}^{(k)}, A\mathbf{x}^{(k-2)} - A\mathbf{x}^{(k-1)} \rangle \end{aligned}$$

로 쓸 수 있다. 모든 i에 대하여

$$\mathbf{x}^{(i)} = \mathbf{x}^{(i-1)} + t_i \mathbf{v}^{(i)} \quad \text{and} \quad A\mathbf{x}^{(i)} = A\mathbf{x}^{(i-1)} + t_i A\mathbf{v}^{(i)}$$

이므로, $A\mathbf{x}^{(i-1)} + A\mathbf{x}^{(i)} = -t_i A\mathbf{v}^{(i)}$ 가 되고,

$t_k\langle \mathbf{v}^{(k)}, A\mathbf{v}^{(k)}\rangle = \langle \mathbf{v}^{(k)}, \mathbf{b} - A\mathbf{x}^{(0)}\rangle - t_1\langle \mathbf{v}^{(k)}, A\mathbf{v}^{(1)}\rangle - ... - t_{k-1}\langle \mathbf{v}^{(k)}, A\mathbf{v}^{(k-1)}\rangle$

을 얻는다. A-직교의 성질 때문에, $i \neq k$인 i에 대해서 $\langle \mathbf{v}^{(k)}, A\mathbf{v}^{(i)}\rangle = 0$을 만족하고, 그러므로

$$\langle \mathbf{v}^{(k)}, A\mathbf{v}^{(k)}\rangle t_k = \langle \mathbf{v}^{(k)}, \mathbf{b} - A\mathbf{x}^{(0)}\rangle$$

가 된다. (11.6)으로부터,

$$\begin{aligned}
\langle A\mathbf{x}^{(n)} - \mathbf{b}, \mathbf{v}^{(k)}\rangle &= \langle A\mathbf{x}^{(0)} - \mathbf{b}, \mathbf{v}^{(k)}\rangle + \langle \mathbf{v}^{(k)}, \mathbf{b} - A\mathbf{x}^{(0)}\rangle \\
&= \langle A\mathbf{x}^{(0)} - \mathbf{b}, \mathbf{v}^{(k)}\rangle + \langle \mathbf{b} - A\mathbf{x}^{(0)}, \mathbf{v}^{(k)}\rangle \\
&= \langle A\mathbf{x}^{(0)} - \mathbf{b}, \mathbf{v}^{(k)}\rangle - \langle A\mathbf{x}^{(0)} - \mathbf{b}, \mathbf{v}^{(k)}\rangle \\
&= 0
\end{aligned}$$

가 된다. 벡터 $A\mathbf{x}^{(n)} - \mathbf{b}$는 A-직교 벡터 집합 $\{\mathbf{v}^{(1)}, ..., \mathbf{v}^{(n)}\}$에 대해서 직교이기 때문에, $A\mathbf{x}^{(n)} - \mathbf{b} = \mathbf{0}$라는 결론을 얻을 수 있다. □

CG 방법의 알고리즘은 다음과 같다.

CG cycle

Define the maximum number of iteration $ITER$ and the error tolerance TOL

Set $\mathbf{r}^0 = \mathbf{b} - A\mathbf{x}^0, \mathbf{v}^0 = \mathbf{r}^0$

Set $k = 0$

While $(k \leq ITER \quad \& \quad \|\mathbf{r}^k\|_2 > TOL)$

$t^k = \dfrac{\mathbf{r^k}^T \mathbf{r}^k}{\mathbf{v^k}^T A\mathbf{v}^k}$

$\mathbf{x}^{k+1} = \mathbf{x}^k + t^k\mathbf{v}^k$

$\mathbf{v}^{k+1} = \mathbf{v}^k - t^k A\mathbf{v}^k$

$k = k + 1$

End While

다음은 CG 방법을 이용하는 예제와 그에 대한 MATLAB 코드이다.

예제

주어진 선형계 $A\mathbf{x} = \mathbf{b}$의 해를 $l_\infty - norm$에서의 오류가 10^{-4}보다 작아지게 근사하여라.

$$a_{i,j} = \begin{cases} 4, & \text{when } j = i \text{ and } i = 1, 2, ..., 16, \\ -1, & \text{when } \begin{cases} j = i + 1 \text{ and } i = 1, 2, 3, 5, 6, 7, 9, 10, 11, 13, 14, 15, \\ j = i - 1 \text{ and } i = 2, 3, 4, 6, 7, 8, 10, 11, 12, 14, 15, 16, \\ j = i + 4 \text{ and } i = 1, 2, ..., 12, \\ j = i - 4 \text{ and } i = 5, 6, ..., 16, \end{cases} \\ 0, & \text{otherwise} \end{cases}$$

and

$$\begin{aligned} \mathbf{b} &= (1.90, 1.05, 1.17, 3.48, 0.81, -0.26, -0.41, 1.17, 0.91, -0.15, \\ &\quad -0.26, 1.05, 1.96, 0.91, 0.81, 1.90) \end{aligned}$$

preconditional matrix는 A의 대각행렬 D에 대해서 다음과 같이 정의한 행렬을 사용한다.

$$M^{-1} = D^{-1/2}$$

```
%%%%%%%%%%%%%%%%%%%%%%%%%%%%%% CGcode.m %%%%%%%%%%%%%%%%%%%%%%%%%%%%%%
clear; clc;
for i=1:16
    for j=1:16
```

```
        if (j==i)
            A(i,j) = 4;
            else if ((j==i+1) && (mod(i,4)~=0)) || ...
                    ((j==i-1) && (mod(i,4)~=1)) || ...
                   ((j==i+4) && (i<=12)) || ((j==i-4) && (i>=5))
                A(i,j) = -1;
            else
                A(i,j) = 0;
            end
        end
    end
end
b = [1.90; 1.05; 1.17; 3.48; 0.81; -0.26; -0.41; 1.17;
    0.91; -0.15; -0.26; 1.05; 1.96; 0.91; 0.81; 1.90];
x = zeros(16,1);
r = b-A*x;
v = r;
tol = 1.0; i = 1;
while (tol > 10^(-4))
    alpha = (r'*r)/(v'*(A*v));
    x = x + alpha*v;
    rnew = r - alpha*A*v;
    beta = (rnew'*rnew)/(r'*r);
    v = rnew + beta*v;
    r = rnew;
    tol = max(abs(b-A*x));
    res(i) = tol;
    i = i+1;
end
```

CGcode.m을 실행시키면 다음과 같은 결과를 얻을 수 있다.

```
>> CGcode
res
      0.9607    1.0393    0.4626    0.1188    0.0551    0.0346
      0.0024    0.0006    0.0000
```

제 2 절 Biconjugate gradient stable(Bi-CG) 방법

Bi-CG(biconjugate gradient stable)방법은 선형계 $A\mathbf{x} = \mathbf{b}$을 풀기 위한 방법이다. CG 방법과는 다르게 행렬 A가 대칭일 필요가 없다. 대신 켤레전치(conjugate transpose) 행렬 A^*가 사용된다. Bi-CG 방법의 알고리즘은 다음과 같다.

Bi-CG cycle

Define the maximum number of iteration $ITER$ and the error tolerance TOL

Set $\mathbf{r}^0 = \mathbf{b} - A\mathbf{x}^0, \mathbf{r}^{*0} = \mathbf{b}^* - \mathbf{x}^{*0}A, \mathbf{p}^0 = M^{-1}\mathbf{r}^0, \mathbf{p}^{*0} = \mathbf{r}^{*0}M^{-1}$

Set $k = 1$

While $(k \leq ITER \quad \& \quad \|\mathbf{r}^k\|_2 > TOL)$

$$\alpha^k = \frac{\mathbf{r}^{*k}M^{-1}\mathbf{r}^k}{\mathbf{p}^{*k}A\mathbf{p}^k}$$

$$\mathbf{x}^{k+1} = \mathbf{x}^k + \alpha\mathbf{p}^k$$

$$\mathbf{x}^{*k+1} = \mathbf{x}^{*k} + \bar{\alpha}\mathbf{p}*^k$$

$$\mathbf{r}^{k+1} = \mathbf{r}^k - \alpha A\mathbf{p}^k$$

$$\mathbf{r}^{*k+1} = \mathbf{r}^{*k} + \bar{\alpha}\mathbf{p}*^k A$$

$$\beta^k = \frac{\mathbf{r}^{*k+1}M^{-1}\mathbf{r}^{k+1}}{\mathbf{r}^{*k}M^{-1}\mathbf{r}^k}$$

$$\mathbf{p}^{k+1} = M^{-1}\mathbf{r}^{k+1} + \beta^k\mathbf{p}^k$$

$$\mathbf{p}^{*k+1} = \mathbf{r}^{*k+1}M^{-1} + \bar{\beta}^k\mathbf{p}^{*k}$$

$$k = k + 1$$

End While

CG와 같은 내용의 예제로 쓴 MATLAB 코드와 결과는 다음과 같다.

```
%%%%%%%%%%%%%%%%%%%%%%%%%%%%%% biCGcode.m %%%%%%%%%%%%%%%%%%%%%%%%%%%%%%
clear; clc;
for i=1:16
    for j=1:16
        if (j==i)
            A(i,j) = 4;
            else if ((j==i+1) && (mod(i,4)~=0)) || ...
                    ((j==i-1) && (mod(i,4)~=1)) || ...
                    ((j==i+4) && (i<=12)) || ((j==i-4) && (i>=5))
                A(i,j) = -1;
            else
                A(i,j) = 0;
            end
        end
    end
end
b = [1.90; 1.05; 1.17; 3.48; 0.81; -0.26; -0.41; 1.17;
    0.91; -0.15; -0.26; 1.05; 1.96; 0.91; 0.81; 1.90];
M = zeros(16,16); E = eig(A);
for i = 1:16
    M(i,i) = sqrt(E(i));
end
M=inv(M); x=zeros(16,1); r=b-A*x; p=M*r; tol=1.0; i=1;
while (tol > 10^(-4))
    alpha = (r'*M*r)/(p'*(A*p));
    x = x + alpha*p;
    newr = r - alpha*A*p;
    beta = (newr'*M*newr)/(r'*M*r);
```

```
    p = M*newr+beta*p;
    r = newr;
    tol = max(abs(b-A*x));
    res(i) = tol;
    i = i+1;
end
```

```
>> BiCGcode
res
    1.9656    1.0748    1.0115    0.7852    0.1408    0.0332
    0.0165    0.0061    0.0012    0.0002    0.0001
```

제 3 절 Biconjugate gradient stable(Bi-CGSTAB) 방법

열방정식에 대한 근사해를 BI-CGSTAB(biconjugate gradient stable) 방법을 이용하여 구해 보자. Bi-CGSTAB 방법의 알고리즘은 다음과 같다.

Bi-CGSTAB cycle

Define the maximum number of iteration $ITER$ and the error tolerance TOL

Set $\mathbf{r}^0 = \mathbf{b} - A\mathbf{u}^0, \hat{\mathbf{r}}^0 = \mathbf{r}^0, \rho^0 = \alpha = \omega^0 = 1, \mathbf{v}^0 = \mathbf{p}^0 = 0$

Set $k = 1$

While $(k \le ITER \quad \& \quad \|\mathbf{r}^k\|_2 > TOL)$

$$\rho^k = \sum_{j=1}^{N} \hat{r}_j^0 r_j^{k-1}, \beta = (\rho^k/\rho^{k-1})(\alpha/\omega^{k-1})$$

$$\mathbf{p}^k = \mathbf{r}^{k-1} + \beta(\mathbf{p}^{k-1} - \omega^{k-1}\mathbf{v}^{k-1})$$

$$\mathbf{v}^k = A\mathbf{p}^k$$

$$\alpha = \rho^k / \sum_{j=1}^{N} \hat{r}_j^0 v_j^k$$

$$\mathbf{s} = \mathbf{r}^{k-1} - \alpha\mathbf{v}^k$$

$$\mathbf{t} = A\mathbf{s}$$
$$\omega^k = \sum_{j=1}^{N} t_j s_j / \sum_{j=1}^{N} t_j^2$$
$$\mathbf{u}^k = \mathbf{u}^{k-1} + \alpha \mathbf{p}^k + \omega^k \mathbf{s}$$
$$\mathbf{r}^k = \mathbf{s} - \omega^k \mathbf{t}$$
$$k = k + 1$$

End While

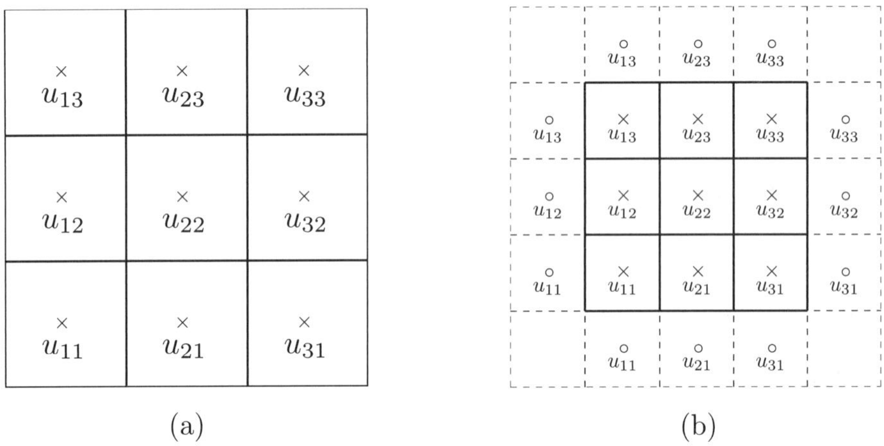

그림 11.1: (a) $N_x = N_y = 3$일 때의 u. (b) 경계 조건에 의한 u의 확장.

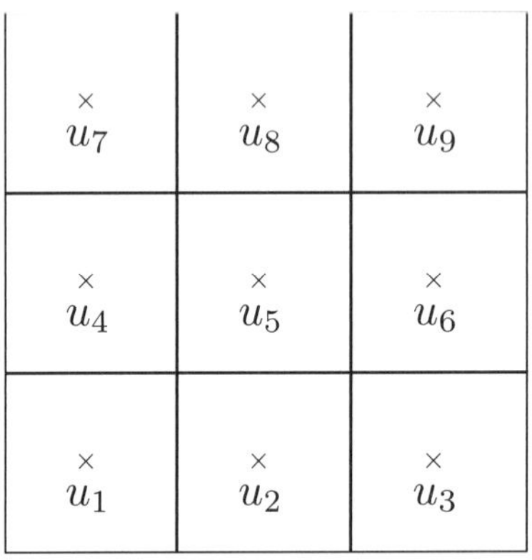

그림 11.2: 재배열된 u.

BI-CGSTAB 방법을 이용하여 함축적인 방법으로 열방정식의 해를 구해보자.

$$\frac{u_{ij}^{n+1} - u_{ij}^{n}}{\Delta t} = \frac{u_{i+1,j}^{n+1} + u_{i-1,j}^{n+1} - 4u_{ij}^{n+1} + u_{i,j+1}^{n+1} + u_{i,j-1}^{n+1}}{h^2},$$

즉

$$(1+4\alpha)u_{ij}^{n+1} - \alpha(u_{i+1,j}^{n+1} + u_{i-1,j}^{n+1} + u_{i,j+1}^{n+1} + u_{i,j-1}^{n+1}) = u_{ij}^{n}. \qquad (11.7)$$

식 (11.7)을 계산하기 위해 zero-Neumann 경계 조건을 사용하도록 하자. 즉

$$u_{0,j} = u_{1,j}, \quad u_{N_x+1,j} = u_{N_x,j}, \quad u_{i,0} = u_{i,1}, \quad u_{i,N_y+1} = u_{i,N_y}$$

예를 들어 $N_x = N_y = 3$의 경우를 경계 조건을 사용하여 u값을 확장해주면 그림 11.1과 같다. BI-CGSTAB 방법을 이용하기 위해서는 벡터 $\mathbf{u}$와 $\mathbf{b}$로 나타내야 하므로 그림 11.2와 같이 u의 순서를 재배열한다. 경계 조건과 재배열된 u를 $A\mathbf{u} = \mathbf{b}$의 형태로 나타내면 다음과 같다.

$$\begin{pmatrix}
1+2\alpha & -\alpha & 0 & -\alpha & 0 & 0 & 0 & 0 & 0 \\
-\alpha & 1+3\alpha & -\alpha & 0 & -\alpha & 0 & 0 & 0 & 0 \\
0 & -\alpha & 1+2\alpha & 0 & 0 & -\alpha & 0 & 0 & 0 \\
-\alpha & 0 & 0 & 1+3\alpha & -\alpha & 0 & -\alpha & 0 & 0 \\
0 & -\alpha & 0 & -\alpha & 1+4\alpha & -\alpha & 0 & -\alpha & 0 \\
0 & 0 & -\alpha & 0 & -\alpha & 1+3\alpha & 0 & 0 & -\alpha \\
0 & 0 & 0 & -\alpha & 0 & 0 & 1+2\alpha & -\alpha & 0 \\
0 & 0 & 0 & 0 & -\alpha & 0 & -\alpha & 1+3\alpha & -\alpha \\
0 & 0 & 0 & 0 & 0 & -\alpha & 0 & -\alpha & 1+2\alpha
\end{pmatrix}$$

$$\times \begin{pmatrix} u_1^{n+1} \\ u_2^{n+1} \\ u_3^{n+1} \\ u_4^{n+1} \\ u_5^{n+1} \\ u_6^{n+1} \\ u_7^{n+1} \\ u_8^{n+1} \\ u_9^{n+1} \end{pmatrix} = \begin{pmatrix} u_1^{n} \\ u_2^{n} \\ u_3^{n} \\ u_4^{n} \\ u_5^{n} \\ u_6^{n} \\ u_7^{n} \\ u_8^{n} \\ u_9^{n} \end{pmatrix}$$

여기서 $\alpha = \frac{\Delta t}{h^2}$이다. `bi_cg_stab_heat.m`은 BI-CGSTAB을 이용하여 함축적인 방법으로 열방정식의 해를 구하는 MATLAB 코드이다.

```
%%%%%%%%%%%% bi_cg_stab_heat.m %%%%%%%%%%%%
clear; clc; clf; nx=32; ny=32; nxy=nx*ny; h=1/nx;
x=linspace(0.5*h,1-0.5*h,nx); y=linspace(0.5*h,1-0.5*h,ny);
[xx,yy]=meshgrid(x,y);
M=100; time=linspace(0,0.005,M+1); dt=time(2)-time(1);
alpha=dt/(h^2);
for i=1:nx
 for j=1:ny
  u(i,j)=cos(2*pi*x(i))*cos(2*pi*y(j));
 end
end
%  input data for matrix
A=sparse(nxy,nxy);
for i=1:nxy
```

```
 A(i,i)=1.0+4.0*alpha;
end
for i=1:nx
 A(i,i)=A(i,i)-alpha;
 A(nx*(ny-1)+i,nx*(ny-1)+i)=A(nx*(ny-1)+i,nx*(ny-1)+i)-alpha;
end
for i=1:ny
 A(1+nx*(i-1),1+nx*(i-1))=A(1+nx*(i-1),1+nx*(i-1))-alpha;
 A(nx*i,nx*i)=A(nx*i,nx*i)-alpha;
end
for i=1:nxy-1
 A(i,i+1)=-alpha; A(i+1,i)=-alpha;
end
for i=1:ny-1
 A(nx*i,nx*i+1)=0.0; A(nx*i+1,nx*i)=0.0;
end
for i=1:nx*(ny-1)
 A(i,i+nx)=-alpha; A(i+nx,i)=-alpha;
end
for k=1:M+1
 %  input data for right hand side
 for j=1:ny
  for i=1:nx
   b(i,j)=u(i,j);
  end
 end
 %  ordering for u
 for j=1:ny
  for i=1:nx
```

```
  iu(nx*(j-1)+i)=u(i,j);
 end
end
% ordering for b
for j=1:ny
 for i=1:nx
  bt(nx*(j-1)+i)=b(i,j);
 end
end
iter = 0;                    % initialization
flag = 0;
tol = 1.0e-10;
max_iter = 500;
r = bt' - A*iu';                    % compute first residual
r_hat = r;
rhom = 1.0; alpha = 1.0; omegam = 1.0;
v = 0.0; p = 0.0;

while (max(abs(r))>tol)

   rho = r_hat'*r;
   beta = (rho/rhom)*(alpha/omegam);
   rhom = rho;
   p = r' + beta*(p - omegam*v');
   v = A*p';
   alpha = rho/(r_hat'*v);
   s = r' - alpha*v';
   t = A*s';
   omega = (t'*s')/(t'*t);
```

```
    omegam = omega;
    iu = iu + alpha*p + omega*s;
    r = s' - omega*t;
    iter = iter +1
    max(abs(r))
    if (iter == max_iter)
        flag = 1;
        break
    end
  end
  for j=1:ny
   for i=1:nx
    u(i,j)=iu(nx*(j-1)+i);
   end
  end
end
for i=1:nx
  for j=1:ny
   esol(i,j)=cos(2*pi*x(i))*cos(2*pi*y(j))...
             *exp(-8*pi^2*time(M+1));
   nsol(i,j)=u(i,j);
  end
end
mesh(xx,yy,nsol)
axis([0 1 0 1 -1 1])
colormap([0 0 0])
```

bi_cg_stab_heat.m을 실행하면 그림 11.3와 같은 결과를 얻을 수 있다. 행렬 A의 크기가 커질수록 행렬의 요소에서 0이 차지하는 비중이 커진다. 따라서 효율적인 계산을 위해 행렬 A 를 다음과 같이 $(nxy \times 5)$ 행렬로 축약하여 나타내자.

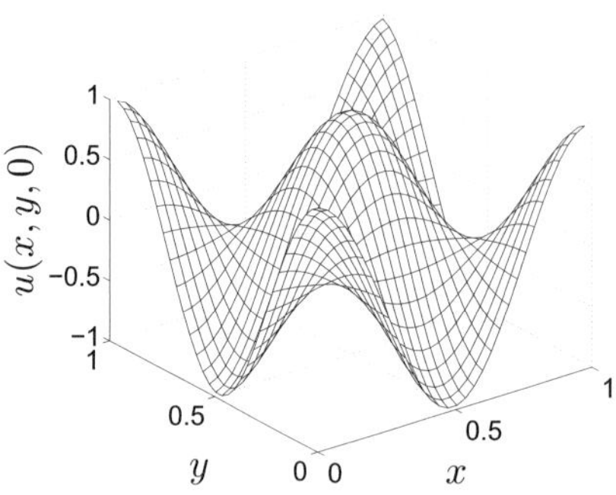

(a)

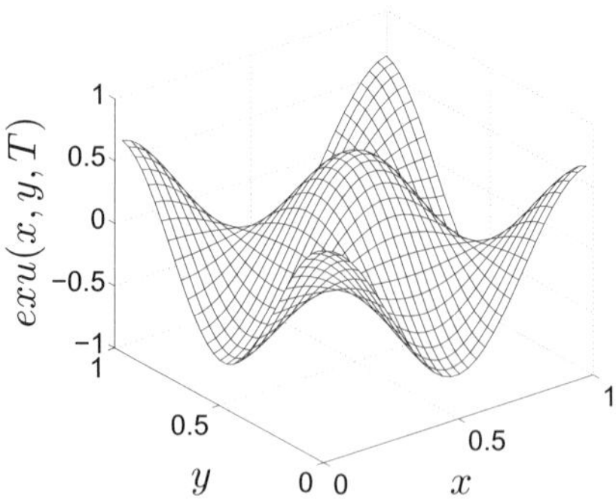

(b)

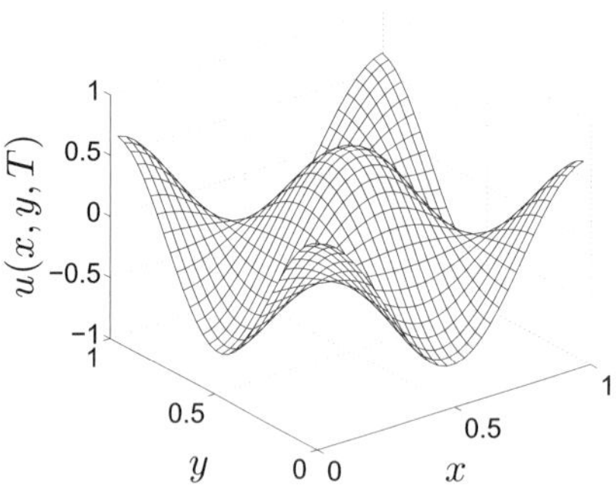

(c)

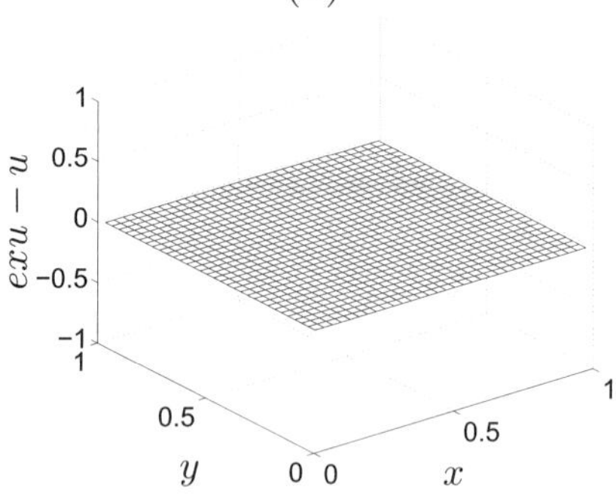

(d)

그림 11.3: (a) 초기조건에 의한 $u(x,y,0)$. (b) 해석해 $u(x,y,T)$. (c) 수치해 $u(x,y,T)$. (d) 해석해와 수치해의 오차.

$$AA = \begin{pmatrix} 0 & 0 & 1+2\alpha & -\alpha & -\alpha \\ 0 & -\alpha & 1+3\alpha & -\alpha & -\alpha \\ 0 & -\alpha & 1+2\alpha & 0 & -\alpha \\ -\alpha & 0 & 1+3\alpha & -\alpha & -\alpha \\ -\alpha & -\alpha & 1+4\alpha & -\alpha & -\alpha \\ -\alpha & -\alpha & 1+3\alpha & 0 & -\alpha \\ -\alpha & 0 & 1+2\alpha & -\alpha & 0 \\ -\alpha & -\alpha & 1+3\alpha & -\alpha & 0 \\ -\alpha & -\alpha & 1+2\alpha & 0 & 0 \end{pmatrix}$$

bi_cg_stab_heat1.m은 행렬 A을 $(nxy \times 5)$ 행렬로 축약하여 함축적인 방법으로 열방정식의 해를 구하는 MATLAB 코드이다.

```
%%%%%%%%%%%% bi_cg_stab_heat1.m %%%%%%%%%%%%
clear; clc; clf; nx=32; ny=32; nxy=nx*ny; h=1/nx;
x=linspace(0.5*h,1-0.5*h,nx); y=linspace(0.5*h,1-0.5*h,ny);
[xx,yy]=meshgrid(x,y);
M=100; time=linspace(0,0.005,M+1); dt=time(2)-time(1);
alpha=dt/(h^2);
for i=1:nx
 for j=1:ny
  u(i,j)=cos(2*pi*x(i))*cos(2*pi*y(j));
 end
end
%  input data for matrix
A=zeros(nxy,5);
```

```
for i=nx+1:nxy
 A(i,1)=-alpha;
end
for i=1:nxy
 A(i,2)=-alpha;
end
for i=1:ny
 A(1+nx*(i-1),2)=0.0;
end
for i=1:nxy
 A(i,3)=1.0+4.0*alpha;
end
for i=1:nx
 A(i,3)=A(i,3)-alpha;
 A(nx*(ny-1)+i,3)=A(nx*(ny-1)+i,3)-alpha;
end
for i=1:ny
 A(1+nx*(i-1),3)=A(1+nx*(i-1),3)-alpha;
 A(nx*i,3)=A(nx*i,3)-alpha;
end
for i=1:nxy
 A(i,4)=-alpha;
end
for i=1:ny
 A(nx*i,4)=0.0;
end
for i=1:nxy-nx
 A(i,5)=-alpha;
end
```

```
for k=1:M+1
 %  input data for right hand side
 for j=1:ny
  for i=1:nx
   b(i,j)=u(i,j);
  end
 end
 %  ordering for u
 for j=1:ny
  for i=1:nx
   iu(nx*(j-1)+i)=u(i,j);
  end
 end
 %  ordering for b
 for j=1:ny
  for i=1:nx
   bt(nx*(j-1)+i)=b(i,j);
  end
 end
 iter = 0;                        % initialization
 flag = 0;
 tol = 1.0e-10;
 max_iter = 500;

 r = bt' - Ax(A,iu,nx,ny,nxy);  % compute first residual
 r_hat = r;
 rhom = 1.0; alpha = 1.0; omegam = 1.0;
 v = 0.0; p = 0.0;
```

```
while (max(abs(r))>tol)


   rho = r_hat'*r;
   beta = (rho/rhom)*(alpha/omegam);
   rhom = rho;
   p = r' + beta*(p - omegam*v');
   v = Ax(A,p,nx,ny,nxy);
   alpha = rho/(r_hat'*v);
   s = r' - alpha*v';
   t = Ax(A,s,nx,ny,nxy);
   omega = (t'*s')/(t'*t);
   omegam = omega;
   iu = iu + alpha*p + omega*s;

   r = s' - omega*t;

   iter = iter +1
   max(abs(r))

   if (iter == max_iter)
       flag = 1;
       break
   end
end
for j=1:ny
 for i=1:nx
  u(i,j)=iu(nx*(j-1)+i);
 end
end
```

```
end
for i=1:nx
 for j=1:ny
  esol(i,j)=cos(2*pi*x(i))*cos(2*pi*y(j))...
           *exp(-8*pi^2*time(M+1));
  nsol(i,j)=u(i,j);
 end
end
mesh(xx,yy,nsol)
axis([0 1 0 1 -1 1])
colormap([0 0 0])
```

```
function ax=Ax(A,x,nx,ny,nxy)
for i=1:1
 ax(i,1)=A(i,3)*x(i)+A(i,4)*x(i+1)+A(i,5)*x(i+nx);
end
for i=2:nx
 ax(i,1)=A(i,2)*x(i-1)+A(i,3)*x(i)+A(i,4)*x(i+1)+A(i,5)*x(i+nx);
end
for i=nx+1:nxy-nx
 ax(i,1)=A(i,1)*x(i-nx)+A(i,2)*x(i-1)+A(i,3)*x(i)...
       +A(i,4)*x(i+1)+A(i,5)*x(i+nx);
end
for i=nxy-nx+1:nxy-1
 ax(i,1)=A(i,1)*x(i-nx)+A(i,2)*x(i-1)+A(i,3)*x(i)+A(i,4)*x(i+1);
end
for i=nxy:nxy
 ax(i,1)=A(i,1)*x(i-nx)+A(i,2)*x(i-1)+A(i,3)*x(i);
end
```

12장

Fractional step method

일반적으로 1차원을 푸는 방법과 달리 다차원 문제를 푸는 경우는 함축적 유한 차분법(Implicit FDM) 또는 크랭크-니콜슨 유한 차분법(Crank-Nicholson FDM)을 사용하면 연립방정식을 푸는데 상당한 계산시간을 필요로 하게 된다. 이러한 문제점을 해결하는 방법들 중 하나가 Operator Splitting 방법이다. Time splitting 또는 Fractional step 방법이라 불리우는 operator splitting의 기본 아이디어는 다음과 같다.

다음의 초기치 문제가 있다고 가정하자.

$$\frac{\partial u}{\partial t} = Lu$$

여기서 L은 operator이며, 이것은 u에 대하여 m개의 선형결합으로 다시 쓸 수 있다고 가정하자.

$$Lu = L_1u + L_2u + \cdots + L_mu.$$

또한 m개의 operator 각각에 대하여 time step n부터 $n+1$까지 변수 u를 업데이트하는 scheme을 알고 있다고 가정하자. 즉

$$\begin{aligned} u^{n+1} &= U_1(u^n, \Delta t), \\ u^{n+1} &= U_2(u^n, \Delta t), \\ &\cdots \\ u^{n+1} &= U_m(u^n, \Delta t). \end{aligned}$$

이제 operator splitting의 한 열은 다음 열에 의해 연쇄적으로 업데이트되면서 n에서 $n+1$을 얻게 될 것이다.

$$\begin{aligned} u^{n+\frac{1}{m}} &= U_1(u^n, \Delta t), \\ u^{n+\frac{2}{m}} &= U_2(u^{n+\frac{1}{m}}, \Delta t), \\ &\cdots \\ u^{n+1} &= U_m(u^{n+\frac{m-1}{m}}, \Delta t). \end{aligned}$$

Fractional step 방법의 이해를 돕기 위하여 다음의 2차원 열방정식을 통해 구체적으로 알아보자.

$$\frac{\partial u}{\partial t} = \frac{\partial^2 u}{\partial x^2} + \frac{\partial^2 u}{\partial y^2} \qquad 0 < x < 1, \;\; 0 < y < 1, \qquad t > 0 \tag{12.1}$$

이때 경계조건은

$$\frac{\partial^2 u}{\partial x^2}(0, y, t) = \frac{\partial^2 u}{\partial x^2}(1, y, t) = \frac{\partial^2 u}{\partial y^2}(x, 0, t) = \frac{\partial^2 u}{\partial y^2}(x, 1, t) = 0, \;\forall t > 0$$

이고 초기조건은 $u(x, y, 0) = \sin(\pi x)\sin(\pi y)$을 만족한다. 해석해는 $u(x, y, t) = \sin(\pi x)\sin(\pi y)e^{-2\pi^2 t}$이다 (그림 12.1 참조).

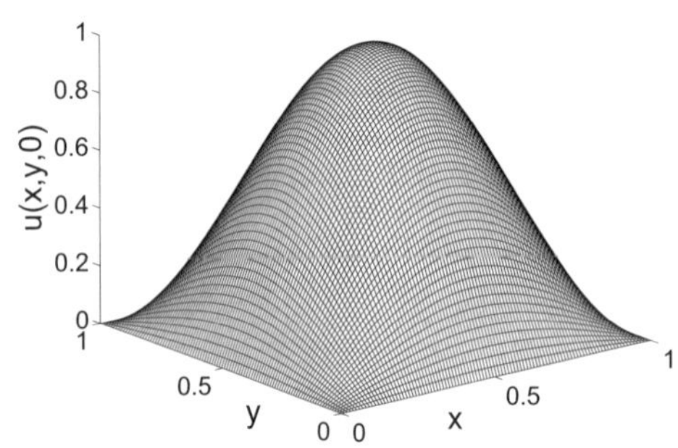

(a) 초기조건

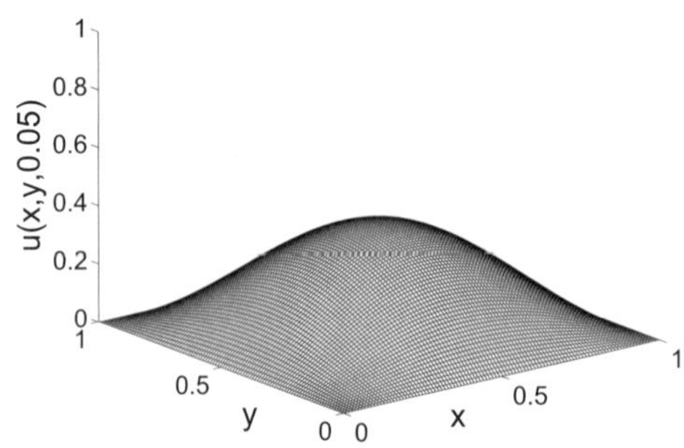

(b) $t = 0.05$

그림 12.1: 2차원 열방정식의 초기 조건과 해석해

먼저 편미분방정식(12.1)을 공간간격이 $h = \Delta x = \Delta y$인 균일한 격자에서 유한차분 방정식으로 근사시키자.

$$\frac{u_{ij}^{n+1} - u_{ij}^n}{\Delta t} = \frac{u_{i-1,j}^{n+1} - 2u_{ij}^{n+1} + u_{i+1,j}^{n+1}}{h^2} + \frac{u_{i,j-1}^{n+1} - 2u_{ij}^{n+1} + u_{i,j+1}^{n+1}}{h^2}. \tag{12.2}$$

본 장에서는 Fractional step 방법 중 두 가지 방법에 대해 소개하고자 한다.

제 1 절 Alternating Direction Implicit (ADI) Method

이제 2차원 열방정식의 근사해를 ADI 방법을 이용하여 풀어보도록 하자. ADI 방법의 기본 아이디어는 각각의 단계에서 한 연산자에 대해서만 함축적으로 해결하는 것이다. 2차원 열방정식에 적용한다면 다음의 두 단계로 나누어 설명할 수 있다.

$$\begin{aligned} \frac{u_{ij}^{n+\frac{1}{2}} - u_{ij}^n}{\Delta t} &= \mathcal{L}_{ADI}^x u_{ij}^{n+\frac{1}{2}}, & (12.3) \\ \frac{u_{ij}^{n+1} - u_{ij}^{n+\frac{1}{2}}}{\Delta t} &= \mathcal{L}_{ADI}^y u_{ij}^{n+1}, & (12.4) \end{aligned}$$

여기서 차분연산자 $\mathcal{L}_{ADI}^x$와 $\mathcal{L}_{ADI}^y$를 다음과 같이 정의한다.

$$\begin{aligned} \mathcal{L}_{ADI}^x u_{ij}^{n+\frac{1}{2}} &= \frac{1}{2}\frac{u_{i+1,j}^{n+\frac{1}{2}} - 2u_{ij}^{n+\frac{1}{2}} + u_{i-1,j}^{n+\frac{1}{2}}}{h^2} + \frac{1}{2}\frac{u_{i,j+1}^n - 2u_{ij}^n + u_{i,j-1}^n}{h^2}, & (12.5) \\ \mathcal{L}_{ADI}^y u_{ij}^{n+1} &= \frac{1}{2}\frac{u_{i+1,j}^{n+\frac{1}{2}} - 2u_{ij}^{n+\frac{1}{2}} + u_{i-1,j}^{n+\frac{1}{2}}}{h^2} + \frac{1}{2}\frac{u_{i,j+1}^{n+1} - 2u_{ij}^{n+1} + u_{i,j-1}^{n+1}}{h^2}. & (12.6) \end{aligned}$$

두 방정식 (12.3)와 (12.4)을 합하면 다음 식 (12.7)을 얻게 되며, 이것이 최종적으로 ADI방법을 적용하면 풀게 되는 식이다.

$$\frac{u_{ij}^{n+1} - u_{ij}^n}{\Delta t} = \mathcal{L}_{ADI}^x u_{ij}^{n+\frac{1}{2}} + \mathcal{L}_{ADI}^y u_{ij}^{n+1}. \qquad (12.7)$$

ADI방법은 다음의 알고리즘으로 설명된다.

Algorithm ADI

- Step 1: ADI 방법의 첫 단계로, 식 (12.5)은 다음과 같이 다시 쓰여질 수 있다.

$$\alpha_i u_{i-1,j}^{n+\frac{1}{2}} + \beta_i u_{ij}^{n+\frac{1}{2}} + \gamma_i u_{i+1,j}^{n+\frac{1}{2}} = f_{ij}, \qquad (12.8)$$

여기서

$$\alpha_i = -\frac{1}{2h^2},\ \beta_i = \frac{1}{\Delta t} + \frac{1}{h^2},\ \gamma_i = -\frac{1}{2h^2}, \tag{12.9}$$

$$f_{ij} = \frac{u_{ij}^n}{\Delta t} + \frac{1}{2}\frac{u_{i,j+1}^n - 2u_{ij}^n + u_{i,j-1}^n}{h^2}. \tag{12.10}$$

j가 고정되었을 때 만들어지는 벡터 $u_{1:N_x,j}^{n+\frac{1}{2}}$는 삼중대각행렬 형태이므로 토마스 알고리즘에 의해 풀 수 있다.

$$A_x u_{1:N_x,j}^{n+\frac{1}{2}} = f_{1:N_x,j},$$

여기서 A_x는 linear 경계조건을 적용한 식 (12.8)으로부터 만들어지는 삼중대각행렬을 뜻한다. 즉

$$A_x = \begin{pmatrix} 2\alpha_1+\beta_1 & \gamma_1-\alpha_1 & 0 & \dots & 0 & 0 \\ \alpha_2 & \beta_2 & \gamma_2 & \dots & 0 & 0 \\ 0 & \alpha_3 & \beta_3 & \dots & 0 & 0 \\ \vdots & \vdots & \ddots & \ddots & \ddots & \vdots \\ 0 & 0 & 0 & \dots & \beta_{N_x-1} & \gamma_{N_x-1} \\ 0 & 0 & 0 & \dots & \alpha_{N_x}-\gamma_{N_x} & \beta_{N_x}+2\gamma_{N_x} \end{pmatrix}.$$

따라서 ADI방법의 *Step 1*은 고정된 y-방향에 대하여 다음의 x-방향 루프를 시행한다.

```
for  j = 1 : N_y
  for  i = 1 : N_x
      Set  α_i, β_i, γ_i, and f_ij  by Eqs. (12.9) and (12.10)
  end
  Solve A_x u^{n+1/2}_{1:N_x,j} = f_{1:N_x,j} by using the Thomas algorithm
end
```

- Step 2: 식 (12.6)에 의해 주어진 ADI 방법의 두 번째 단계는 다음과 같이 다시 쓰여질 수 있다.

$$\alpha_j u_{i,j-1}^{n+1} + \beta_j u_{ij}^{n+1} + \gamma_j u_{i,j+1}^{n+1} = g_{ij}, \tag{12.11}$$

여기서,

$$\alpha_j = -\frac{1}{2h^2},\ \beta_j = \frac{1}{\Delta t} + \frac{1}{2h^2},\ \gamma_j = -\frac{1}{2h^2}, \tag{12.12}$$

$$g_{ij} = \frac{u_{ij}^{n+\frac{1}{2}}}{\Delta t} + \frac{1}{2}\frac{u_{i+1,j}^{n+\frac{1}{2}} - 2u_{ij}^{n+\frac{1}{2}} + u_{i-1,j}^{n+\frac{1}{2}}}{h^2}. \tag{12.13}$$

i가 고정된 경우, 벡터 $u_{i,1:N_y}^{n+1}$는 다음의 삼중대각행렬 시스템을 풀어서 얻을 수 있다.

$$A_y u_{i,1:N_y}^{n+1} = g_{i,1:N_y},$$

이때 A_y 행렬은 삼중대각행렬로써 다음과 같다.

$$A_y = \begin{pmatrix} 2\alpha_1+\beta_1 & -\alpha_1+\gamma_1 & 0 & \dots & 0 & 0 \\ \alpha_2 & \beta_2 & \gamma_2 & \dots & 0 & 0 \\ 0 & \alpha_3 & \beta_3 & \dots & 0 & 0 \\ \vdots & \vdots & \ddots & \ddots & \ddots & \vdots \\ 0 & 0 & 0 & \dots & \beta_{N_y-1} & \gamma_{N_y-1} \\ 0 & 0 & 0 & \dots & \alpha_{N_y}-\gamma_{N_y} & \beta_{N_y}+2\gamma_{N_y} \end{pmatrix}.$$

*Step 1*과 비슷하게 *Step 2*에서는 고정된 x-방향에 대하여 y-방향의 루프를 수행하게 된다.

for $i = 1 : N_x$

  for $j = 1 : N_y$

    Set α_j, β_j, γ_j, and g_{ij} by Eqs. (12.12), and (12.13)

  end

  Solve $A_y u^{n+1}_{i,1:N_y} = g_{i,1:N_y}$ by using the Thomas algorithm

end

순차적으로 *Step 1*과 *Step 2*을 취하게 되면, Δt만큼 지난 후 수치해를 얻게 된다.

다음은 $N_x = N_y = 50$일 때, 시간에 따른 열방정식의 해를 ADI방법에 의해 구하는 MATLAB 코드이다.

```
%%%%%%%%%%%%%%%%%%%%%%%%%% ADI_heat2d.m %%%%%%%%%%%%%%%%%%%%%%%%%%%%%
clear all; clc; clf;
xleft = 0.0; xright = 1.0; yleft = 0.0; yright = 1.0;
Nx = 50;  Ny = 50;  h = (xright - xleft)/Nx;
T=0.1; Nt=10; k=T/Nt;
% initalization
Ax(1:Nx, 1:Nx) = 0.0;  Ay(1:Ny, 1:Ny) = 0.0;
bx(1:Nx) = 0.0; by(1:Ny) = 0.0;
u(1:Nx+2,1:Ny+2) = 0.0;  old_u = u;
% x and y points (cell centered grid)
for i = 1:Nx+2
    x(i) = (i-1.5)*h;
end
for j = 1:Ny+2
```

```
    y(j) = (j-1.5)*h;
end
%%% initial condition %%%
for i = 2:Nx+1
    for j = 2:Ny+1
        u(i,j) = sin(pi*x(i))*sin(pi*y(j));
    end
end
% linear boundary condition
u(1,:) = 2.0*u(2,:) - u(3,:);
u(Nx+2,:) = 2.0*u(Nx+1,:) - u(Nx,:);
u(:,1) = 2.0*u(:,2) - u(:,3);
u(:,Ny+2) = 2.0*u(:,Ny+1) - u(:,Ny);
% draw mesh (initial u)
figure(1);
[xx yy] = meshgrid(x,y);
mesh(xx,yy,u); grid on; axis tight
xlabel('X','FontSize',18); ylabel('Y','FontSize',18);
zlabel('u(x,y,0)','FontSize',18);
title('2D Heat equation(initial condtion)','FontSize',20);
hold on
%%% update old_u %%%
old_u = u;
%%% analytic solution (T=0.1) %%%
exact_u = u;
for i = 1:Nx+2
    for j = 1:Ny+2
        exact_u(i,j) = sin(pi*x(i))*sin(pi*y(j))*exp(-2.0*pi^2*T);
    end
```

```
end
% draw mesh (exact u)
figure(2);
mesh(xx,yy,exact_u); grid on; axis tight
xlabel('X','FontSize',18); ylabel('Y','FontSize',18);
zlabel('exact u(x,y,0.1)','FontSize',18);
title('2D Heat equation(exact solution)','FontSize',20);
set(gca,'fontsize',20);
%%% Alternating Direction Implicit Method %%%
for iter = 1:Nt
    %%% 1st step (x-direction) %%%
    % make Ax matrix
    for i = 1:Nx
        Ax(i,i) = 1/k + 1/h^2;
    end
    for i = 2:Nx
        Ax(i-1,i) = -0.5/h^2;
        Ax(i,i-1) = -0.5/h^2;
    end
    % applying linear boundary condition
    Ax(1,1) = 1/k; Ax(Nx,Nx) = 1/k;
    Ax(1,2) = 0.0; Ax(Nx,Nx-1) = 0.0;
    % make bx matrix
    for j = 2:Ny+1
        for i = 2:Nx+1
            bx(i-1) = old_u(i,j)/k ...
                + 0.5*(old_u(i,j+1)-2*old_u(i,j)+old_u(i,j-1))/h^2;
        end
        % Solve Ax*U=bx
```

```
    u(2:Nx+1,j) = inv(Ax)*bx';
end
% linear boundary condition
u(1,:)=2.0*u(2,:)-u(3,:); u(Nx+2,:)=2.0*u(Nx+1,:)-u(Nx,:);
u(:,1)=2.0*u(:,2)-u(:,3); u(:,Ny+2)=2.0*u(:,Ny+1)-u(:,Ny);
%%% update old_u %%%
old_u = u;
%%% 2nd step (y-direction) %%%
% make Ay matrix
for j = 1:Ny
    Ay(j,j) = 1/k + 1/h^2;
end
for j = 2:Ny
    Ay(j-1,j) = -0.5/h^2;
    Ay(j,j-1) = -0.5/h^2;
end
% applying linear boundary condition
Ay(1,1) = 1/k; Ay(Ny,Ny) = 1/k;
Ay(1,2) = 0.0; Ay(Ny,Ny-1) = 0.0;
% make by matrix
for i = 2:Nx+1
    for j = 2:Ny+1
        by(j-1) = old_u(i,j)/k ...
            + 0.5*(old_u(i+1,j)-2*old_u(i,j)+old_u(i-1,j))/h^2;
    end
    % Solve Ay*U=by
    u(i,2:Ny+1) = inv(Ay)*by';
end
% linear boundary condition
```

```
    u(1,:)=2.0*u(2,:)-u(3,:); u(Nx+2,:)=2.0*u(Nx+1,:)-u(Nx,:);
    u(:,1)=2.0*u(:,2)-u(:,3); u(:,Ny+2)=2.0*u(:,Ny+1)-u(:,Ny);
    %%% update old_u %%%
    old_u = u;
end
% draw mesh (numerical u)
figure(3);
mesh(xx,yy,u); grid on; axis tight
xlabel('X','FontSize',18); ylabel('Y','FontSize',18);
zlabel('Numerical u(x,y,0.1)','FontSize',18);
title('2D Heat equation(numerical solution)','FontSize',20);
set(gca,'fontsize',20);
colormap([0 0 0])
% draw mesh (error)
figure(4);
mesh(xx,yy,abs(u-exact_u)); grid on; axis tight
xlabel('X','FontSize',18); ylabel('Y','FontSize',18);
zlabel('error','FontSize',18);
title('2D Heat equation(numerical-exact)','FontSize',20);
set(gca,'fontsize',20);
colormap([0 0 0])
% maximum error
sprintf('Max_error = %18.16f', max(max(abs(u-exact_u))))
%%%%%%%%%%%%%%%%%%%%%%%%%%%%%%%%%%%%%%%%%%%%%%%%%%%%%%%%%%%%
```

다음 그림12.2(a)는 위의 코드로 얻어진 수치결과이다. 그림 12.2(b)는 OSM과 해석해와의 차이를 나타낸 것이다.

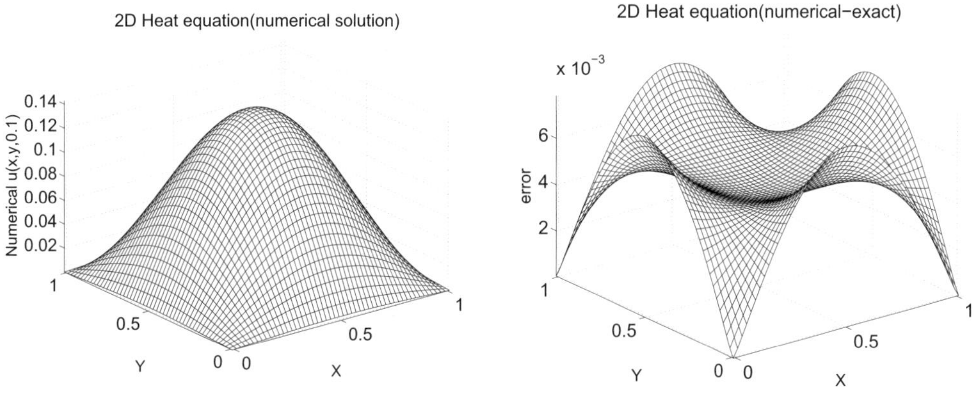

(a) (b)

그림 12.2: (a) $t = 0.1$일 때, ADI에 의한 2차원 열방정식의 수치결과. (b) $t = 0.1$일 때, 2차원 열방정식의 해석해와 ADI에 의한 수치결과 차이.

제 2 절 Operator Splitting (OS) Method

OS 방법의 개념은 풀고자 하는 문제를 1차원의 연산자로 쪼개어 각각의 시간 간격에서 계산하는 방법으로 ADI방법과는 약간 다르게 계산되는 방법이다. 본 절에서도 OS방법의 이해를 돕기 위해 2차원 열방정식을 고려해 보자. 첫 번째 단계에서는 x에 관련된 연산자를 함축적으로 풀고, 두 번째 단계에서는 y에 관련된 연산자를 해결하면 된다.

OS 방법에 의해 2차원 열방정식을 푸는 전체 과정은 다음과 같다.

$$\frac{u_{ij}^{n+\frac{1}{2}} - u_{ij}^{n}}{\Delta t} = \mathcal{L}_{OS}^{x} u_{ij}^{n+\frac{1}{2}}, \tag{12.14}$$

$$\frac{u_{ij}^{n+1} - u_{ij}^{n+\frac{1}{2}}}{\Delta t} = \mathcal{L}_{OS}^{y} u_{ij}^{n+1}, \tag{12.15}$$

여기서 각각의 차분연산자 $\mathcal{L}_{OS}^{x}$와 $\mathcal{L}_{OS}^{y}$은 다음과 같이 정의된다.

$$\mathcal{L}_{OS}^{x} u_{ij}^{n+\frac{1}{2}} = \frac{u_{i-1,j}^{n+\frac{1}{2}} - 2u_{ij}^{n+\frac{1}{2}} + u_{i+1,j}^{n+\frac{1}{2}}}{h^2}$$

$$\mathcal{L}_{OS}^{y} u_{ij}^{n+1} = \frac{u_{i,j-1}^{n+1} - 2u_{ij}^{n+1} + u_{i,j+1}^{n+1}}{h^2}$$

열방정식에 OS 방법을 적용하면, 위 식 (12.14)과 (12.15)에 따라 n 시간에서 $n+\frac{1}{2}$으로, $n+1$의 시간의 수치해가 순차적으로 업데이트 되게 된다. 따라서 최종적으로 해결하는 방정식은 다음 식과 같이 표현할 수 있다.

$$\frac{u_{ij}^{n+1} - u_{ij}^{n}}{\Delta t} = \mathcal{L}_{OS}^{x} u_{ij}^{n+\frac{1}{2}} + \mathcal{L}_{OS}^{y} u_{ij}^{n+1}, \tag{12.16}$$

이제 다음 알고리즘으로 OS방법을 구체적으로 알아보자.

Algorithm OS

- Step 1: 식 (12.14)는 다음과 같이 다시 쓸 수 있다.

$$\alpha_i u_{i-1j}^{n+\frac{1}{2}} + \beta_i u_{ij}^{n+\frac{1}{2}} + \gamma_i u_{i+1j}^{n+\frac{1}{2}} = f_{ij}, \tag{12.17}$$

이때 위 식에서 사용된 변수들은 다음과 같다.

$$\alpha_i = -\frac{1}{h^2},\ \beta_i = \frac{1}{\Delta t} + \frac{2}{h^2},\ \gamma_i = -\frac{1}{h^2},\ f_{ij} = \frac{u_{i,j}^{n}}{\Delta t}.$$

여기서 OS 방법이 ADI 방법과 다른 점은 바로 source 항, f_{ij}에서 x의 미분항을 포함하지 않는다는 점이다. j가 고정되었을 때 만들어지는 벡터 $u_{1:N_x,j}^{n+\frac{1}{2}}$는 삼중대각행렬 형태이므로 토마스 알고리즘에 의해 풀 수 있다.

$$A_x u_{1:N_x,j}^{n+\frac{1}{2}} = f_{1:N_x,j},$$

여기서 A_x는 linear 경계조건을 적용한 식 (12.17)으로부터 만들어지는 삼중

대각행렬을 뜻한다. 즉

$$A_x = \begin{pmatrix} 2\alpha_1+\beta_1 & \gamma_1-\alpha_1 & 0 & \dots & 0 & 0 \\ \alpha_2 & \beta_2 & \gamma_2 & \dots & 0 & 0 \\ 0 & \alpha_3 & \beta_3 & \dots & 0 & 0 \\ \vdots & \vdots & \ddots & \ddots & \ddots & \vdots \\ 0 & 0 & 0 & \dots & \beta_{N_x-1} & \gamma_{N_x-1} \\ 0 & 0 & 0 & \dots & \alpha_{N_x}-\gamma_{N_x} & \beta_{N_x}+2\gamma_{N_x} \end{pmatrix}.$$

따라서 OS방법의 *Step 1*은 고정된 y-방향에 대하여 다음의 x-방향 루프를 시행한다.

```
for   j = 1 : N_y
  for   i = 1 : N_x
      Set  α_i, β_i, γ_i, and f_ij  by Eq.  (12.18)
  end
  Solve A_x u^{n+1/2}_{1:N_x,j} = f_{1:N_x,j} by using the Thomas algorithm
end
```

- Step 2: 다음으로 식 (12.15)는 다음과 같이 다시 쓸 수 있다.

$$\alpha_j u_{ij-1}^{n+1} + \beta_j u_{ij}^{n+1} + \gamma_j u_{ij+1}^{n+1} = g_{ij}, \tag{12.18}$$

여기서

$$\alpha_j = -\frac{1}{h^2},\ \beta_j = \frac{1}{\Delta t} + \frac{2}{h^2},\ \gamma_j = -\frac{1}{h^2},\ g_{ij} = \frac{u_{ij}^{n+\frac{1}{2}}}{\Delta t}.$$

i가 고정된 경우, 벡터 $u_{i,1:N_y}^{n+1}$는 다음의 삼중대각행렬 시스템을 풀어서 얻을 수 있다.

$$A_y u_{i,1:N_y}^{n+1} = g_{i,1:N_y},$$

이때 A_y 행렬은 삼중대각행렬로써 다음과 같다.

$$A_y = \begin{pmatrix} 2\alpha_1+\beta_1 & -\alpha_1+\gamma_1 & 0 & \dots & 0 & 0 \\ \alpha_2 & \beta_2 & \gamma_2 & \dots & 0 & 0 \\ 0 & \alpha_3 & \beta_3 & \dots & 0 & 0 \\ \vdots & \vdots & \ddots & \ddots & \ddots & \vdots \\ 0 & 0 & 0 & \dots & \beta_{N_y-1} & \gamma_{N_y-1} \\ 0 & 0 & 0 & \dots & \alpha_{N_y}-\gamma_{N_y} & \beta_{N_y}+2\gamma_{N_y} \end{pmatrix}.$$

*Step 1*과 비슷하게, *Step 2*에서는 고정된 x-방향에 대하여 y-방향의 루프를 수행하게 된다.

```
for  i = 1 : Nx
  for  j = 1 : Ny
      Set  α_j, β_j, γ_j, and g_ij  by Eq. (12.19)
  end
  Solve A_y u^{n+1}_{i,1:Ny} = g_{i,1:Ny} by using the Thomas algorithm
end
```

순차적으로 *Step 1*과 *Step 2*을 취하게 되면, Δt을 지난 수치해를 얻게 된다.

다음은 $N_x = N_y = 50$일 때 시간에 따른 열방정식의 해를 나타낸 MATLAB 코드이다.

```
%%%%%%%%%%%%%%%%%%%%%%%%%% OSM_heat2d.m %%%%%%%%%%%%%%%%%%%%%%%%
clear; clc; clf;
xleft = 0.0; xright = 1.0; yleft = 0.0; yright = 1.0;
Nx = 50;  Ny = 50;  h = (xright - xleft)/Nx;
```

```
T=0.1; Nt=100; dt=T/Nt; alpha = dt/h^2;
% initalization
Ax(1:Nx, 1:Nx) = 0.0;    Ay(1:Ny, 1:Ny) = 0.0;
bx(1:Nx) = 0.0;          by(1:Ny) = 0.0;
u(1:Nx+2,1:Ny+2) = 0.0; old_u = u;
% x and y points (cell centered grid)
for i = 1:Nx+2
    x(i) = (i-1.5)*h;
end
for j = 1:Ny+2
    y(j) = (j-1.5)*h;
end
%%% initial condition %%%
for i = 2:Nx+1
    for j = 2:Ny+1
        u(i,j) = sin(pi*x(i))*sin(pi*y(j));
    end
end
% linear boundary condition
u(1,:)=2.0*u(2,:)-u(3,:); u(Nx+2,:)=2.0*u(Nx+1,:)-u(Nx,:);
u(:,1)=2.0*u(:,2)-u(:,3); u(:,Ny+2)=2.0*u(:,Ny+1)-u(:,Ny);
% draw mesh (initial u)
figure(1); [xx yy] = meshgrid(x,y);
mesh(u); grid on; axis tight
xlabel('X','FontSize',18); ylabel('Y','FontSize',18);
zlabel('u(x,y,0)','FontSize',18);
title('2D Heat equation(initial condtion)','FontSize',20);
hold on
%%% update old_u %%%
```

```
old_u = u;
%%% analytic solution (T=0.1) %%%
exact_u = u;
for i = 1:Nx+2
    for j = 1:Ny+2
      exact_u(i,j) = sin(pi*x(i))*sin(pi*y(j))*exp(-2.0*pi^2*T);
    end
end
% draw mesh (exact u)
figure(2);
mesh(xx,yy,exact_u); grid on; axis tight
xlabel('X','FontSize',18); ylabel('Y','FontSize',18);
zlabel('exact u(x,y,0.1)','FontSize',18);
title('2D Heat equation(exact solution)','FontSize',20);
set(gca,'fontsize',20);
%%% Operator Splitting Method %%%
for k = 1:Nt
    %%% 1st step (x-direction) %%%
    % make Ax matrix
    for i = 1:Nx
        Ax(i,i) = 1 + 2.0*alpha;
    end
    for i = 2:Nx
        Ax(i-1,i) = -alpha; Ax(i,i-1) = -alpha;
    end
    % applying linear boundary condition
    Ax(1,1)=1.0; Ax(Nx,Nx)=1.0; Ax(1,2)=0.0; Ax(Nx,Nx-1)=0.0;
    % make bx matrix
    for j = 2:Ny+1
```

```
        for i = 2:Nx+1
            bx(i-1) = old_u(i,j);
        end
        % Solve Ax*U=bx
        u(2:Nx+1,j) = inv(Ax)*bx';
    end
    % linear boundary condition
    u(1,:)=2.0*u(2,:)-u(3,:); u(Nx+2,:)=2.0*u(Nx+1,:)-u(Nx,:);
    u(:,1)=2.0*u(:,2)-u(:,3); u(:,Ny+2)=2.0*u(:,Ny+1)-u(:,Ny);
    %%% update old_u %%%
    old_u = u;
    %%% 2nd step (y-direction) %%%
    % make Ay matrix
    for j = 1:Ny
        Ay(j,j) = 1 + 2.0*alpha;
    end
    for j = 2:Ny
        Ay(j-1,j) = -alpha;
        Ay(j,j-1) = -alpha;
    end
    % applying linear boundary condition
    Ay(1,1)=1.0; Ay(Ny,Ny)=1.0; Ay(1,2)=0.0; Ay(Ny,Ny-1)=0.0;
    % make by matrix
    for i = 2:Nx+1
        for j = 2:Ny+1
            by(j-1) = old_u(i,j);
        end
        % Solve Ay*U=by
        u(i,2:Ny+1) = inv(Ay)*by';
```

```
    end
    % linear boundary condition
    u(1,:)=2.0*u(2,:)-u(3,:); u(Nx+2,:)=2.0*u(Nx+1,:)-u(Nx,:);
    u(:,1)=2.0*u(:,2)-u(:,3); u(:,Ny+2)=2.0*u(:,Ny+1)-u(:,Ny);
    %%% update old_u %%%
    old_u = u;
end
% draw mesh (numerical u)
figure(3);
mesh(xx,yy,u); grid on; axis tight
xlabel('X','FontSize',18); ylabel('Y','FontSize',18);
zlabel('Numerical u(x,y,0.1)','FontSize',18);
title('2D Heat equation(numerical solution)','FontSize',20);
set(gca,'fontsize',20);
colormap([0 0 0])
% draw mesh (error)
figure(4);
mesh(xx,yy,abs(u-exact_u)); grid on; axis tight
xlabel('X','FontSize',18); ylabel('Y','FontSize',18);
zlabel('error','FontSize',18);
title('2D Heat equation(numerical-exact)','FontSize',20);
set(gca,'fontsize',20);
colormap([0 0 0])
% maximum error
sprintf('Max_error = %18.16f', max(max(abs(u-exact_u))))
%%%%%%%%%%%%%%%%%%%%%%%%%%%%%%%%%%%%%%%%%%%%%%%%%%%%%%%%%%%%%
```

다음 그림 12.3(a) 는 위의 코드로 얻어진 수치결과이다. 그림 12.3(b)는 OSM과 해석해와의 차이를 나타낸 것이다.

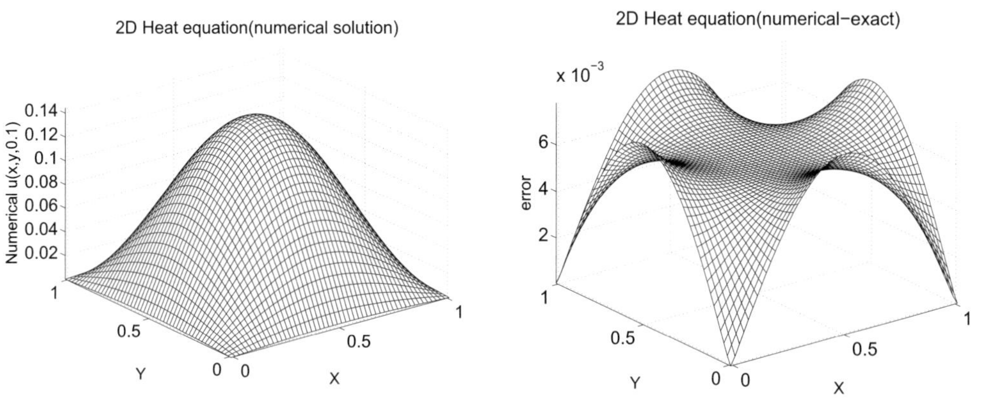

(a) (b)

그림 12.3: (a) $t = 0.1$일 때, OSM에 의한 2차원 열방정식의 수치결과. (b) $t = 0.1$일 때, 2차원 열방정식의 해석해와 OSM에 의한 수치결과 차이.

참고 문헌

[1] Richard L. Burden and J. Douglas Faires, Numerical Analysis, Thomson, 2005.

[2] Min Chohong, Numerical Ansysis & Scientific Computing, 청문각, 2010.

[3] 구영필, Matlab을 이용한 Easy 수치해석, 홍릉과학출판사, 2005.

[4] 정상권, 하성남, 수치해석, 경문사, 1993.

[5] 김홍철, 송성익, 수치해석 - MATLAB 활용 -, 경문사, 2011.

[6] 김창근, MATLAB을 이용한 수치해석, 교우사, 2007.

찾아보기

김 준 석

고려대학교 수학교육과 졸업(1995년, 이학학사)
서울대학교 수학과 대학원 졸업(1997년, 이학석사)
University of Minnesota 수학과 대학원 졸업
(2002년, 이학박사: 응용수학, computational fluid dynamics, 과학계산 전공)
University of California, Irvine 수학과
(2002년~2006년, 박사후연구원)
동국대학교 수학과(2006년~2007년, 조교수)
고려대학교 수학과(2008년~현재, 부교수)
이메일 cfdkim@korea.ac.kr
홈페이지 http://math.korea.ac.kr/~cfdkim

Matlab 활용
ESSENTIAL 수치해석

2011년 10월 25일 초판 인쇄
2011년 10월 31일 초판 발행

저　자 / 김준석
발행자 / 오판근
발행처 / 교우사

주　소 / 서울 동대문구 제기2동 148-19
전　화 / 925-2861(代), 편집부 / 925-2825
팩　스 / 925-2860

E-mail / kyowoo@kyowoo.co.kr
http://www.kyowoo.co.kr

등록 / 1994. 3. 24 제6-0256호

ISBN 978-89-8172-903-5 (93410)

값 14,000 원